邢立达恐龙手记

特·别·篇

邢立达 宋小明 著

中信出版集团 | 北京

图书在版编目（CIP）数据

邢立达恐龙手记. 特别篇/邢立达，宋小明著. --
北京：中信出版社，2020.12
ISBN 978-7-5217-2300-7

I. ①邢⋯ II. ①邢⋯ ②宋⋯ III. ①恐龙－普及读
物   IV. ①Q915.864-49

中国版本图书馆CIP数据核字（2020）第183586号

邢立达恐龙手记：特别篇

著　　者：邢立达　宋小明
出版发行：中信出版集团股份有限公司
　　　　　（北京市朝阳区惠新东街甲4号富盛大厦2座　邮编　100029）
承 印 者：鸿博昊天科技有限公司

开　　本：787mm×1092mm　1/32　　　印　　张：6.5　　　字　　数：100千字
版　　次：2020年12月第1版　　　　　印　　次：2020年12月第1次印刷
书　　号：ISBN 978-7-5217-2300-7
定　　价：58.00元

献给所有喜欢恐龙，
甚至希望"恐龙还活着"的大朋友和小朋友们

目录

第 1 章

◇

恐龙医院

◇

2009 年，我在北京一家恐龙医院担任主治医生。这是国内最早开建的几家恐龙医院之一，业务范围涵盖恐龙医疗、美容、生活用品销售等。我在这里负责恐龙诊疗和外科手术，也参与恐龙救援与保护的任务。

　　那时，国内养恐龙的人不多，又缺乏专业的饲养知识和经验，加之为恐龙量身定做的医疗设备不多、药物紧缺等问题，导致很多恐龙得不到及时有效的救治而被弃养，甚至安乐死。在当恐龙医生的数年里，我经历了形形色色的事件，多次前往世界各地参与恐龙救援。我体会到了痛苦与喜悦，也感受到了无奈与敬佩，这段经历让我发现，恐龙与人的情感联系远比我们想象的更紧密。

1.1

拥有一只雷利诺龙可能是世界上最幸福的事

　　我第一次见到李纯熙是在2013年夏天，当时她满头大汗，抱着一只小恐龙闯进了我的诊疗室。

　　那会儿是晚上8点多，我刚结束那天的第三台手术，瘫在椅子上放空，被她的贸然闯入吓了一跳。护士紧跟其后，跟她说："不好意思，姑娘，我们已经下班了，你明天再来吧。"可小姑娘不顾护士的阻拦，抱着恐龙硬是挤开门缝，冲了进来。

　　我睁眼一瞧，看到这姑娘怀里抱的恐龙，瞬间从椅子上蹿了起来："雷利诺龙！这可不多见，它怎么了？"

　　"刚在我家小区捡的，它一直蔫巴巴的，像是中暑了。医生，您看看它是不是快不行了？"我起身戴上手套，查看恐龙的情况。这是一只体长约一米的小恐龙，身体比例在恐龙中属于正常，脑袋直径不足10厘米，大小和泰迪狗的头差不多；脖子又细又长，

雷诺利龙

我用一只手就能握住；尾巴，比它的脖子还要粗一些，长度占了整个身体的一半；两只短小的前爪在胸前晃荡着，好像一个小婴儿，拼命地想握住什么东西。我捧起它的头，仔细观察，基本确认这是一只纯种的雷利诺龙，雄性，来自澳大利亚维多利亚州南端的恐龙湾。

那时人们饲养的小型恐龙大多是改良后的美颌龙，它们爱吃肉，时常凶巴巴的。而这只雷利诺龙，祖母绿的皮肤，毛茸茸的身体，深棕色的纹路，颜色漂亮鲜明，触感顺滑却不那么冰冷，很是可爱。尤其是那双大眼睛，几乎占了整个脑袋的三分之一，忽闪忽闪的，动人极了。

"你们小区里怎么会有雷利诺龙？它的主人呢？"我问小姑娘。

"我在楼下遛弯儿的时候发现它的。"小姑娘跟我描述，"刚开始它把上半身藏在一辆越野车的车底，只露出一条长长的、光秃秃的尾巴，我还以为是黄鼠狼和蜥蜴的串种呢。我拽着它的尾巴把它从车底下拉出来，路过的一位老爷爷眯着眼睛看了半天，大吃一惊：'嚯，谁家的恐龙跑出来了？'那时我才知道，原来这是只恐龙啊！"

小姑娘说，后来她和老爷爷在小区里寻了一圈，既没找到小恐龙的主人，也没听说谁家的恐龙丢了。那时他们才意识到，这只小恐龙被人遗弃了。老爷爷喜欢恐龙，但他家里已经养了一只莱索托龙，与雷利诺龙养在一起，它们肯定会打架，便劝小姑娘收养它。

"我当然想养它，不过看它的状态不对，眼睛都睁不开，站也站不稳，就先带它上医院来看看，是不是病了。"

"先去验个血吧。"说着我摸了摸小恐龙的脑袋、脊椎、尾巴和四肢，"没有外伤，看情况应该是营养不良，保险起见再拍个X光片，看看身体内部有没有问题。"

我列好检查项目，给这只雷利诺龙建病历档案。

"主人姓名？"我问。

"李纯熙。"姑娘答。

"宠物名字？"

"我还没想好。"

"那先填雷利诺龙吧，等你想好了再改。"

我刚要下笔，李纯熙抢着说："我想好了，叫辛德瑞拉（《灰姑娘》中女主角的名字）。"

"这可是一只尊贵的雷利诺龙啊！公的！你叫它灰姑娘？"我让她再慎重考虑一下，宠物名可是要叫一辈子的，不能这么随意。

"灰姑娘怎么了？它被人遗弃，吃不上饭睡不好觉，大热天躲在汽车底下。遇到我就变公主啦，保它一辈子荣华富贵。"李纯熙得意地说。

我心想也有道理，便不再多说，在我的讲述中，我们暂且叫它小灰吧。

不知道被弃养的宠物是不是都与再次遇见的主人心有灵犀，在李纯熙带着小恐龙进行检查的整个过程中，小灰都非常配合，不吵不闹。好在它的血检报告和X光片显示一切正常，就是有些营养不良，另外，身上跳蚤有点儿多。随后，护士给它洗了个澡，打了恐龙疫苗和驱虫针，还做了一次无痛洗牙，为它清理牙结石，最后还小心翼翼地给它剪了指甲。我交给李纯熙一些体内驱虫的药，叮嘱她把驱虫药拌在主食里，每月给小灰吃一片；另外，每周都要给小灰洗个温水澡。

"可是它吃什么主食啊？你们这儿有卖的吗？"李纯熙问我们。

她这么一问，我才意识到，雷利诺龙在国内属于稀有物种，小灰应该是北京唯一一只雷利诺龙，根本不可能有厂家专门为它生产主食和零食。不过，植食性鸟臀类恐龙吃的都差不多，以蕨类为主，我就给了她一袋通用主食，先凑合两天。

之后，我联系了澳大利亚恐龙保护协会的同人，问他能不能寄一些专门给雷利诺龙吃的主食过来。他说这种恐龙要吃蕨类和苔藓，澳大利亚有专门的鲜粮和罐头，但是寄到中国要走很多程序，通关很慢，邮费也贵。他把鲜粮包装的图片发给我，我照着食材和营养成分研究了好一阵子，终于设计出了雷利诺龙的主食食谱，操作简单，在家就可以做：

松叶蕨2 000克　苔藓2 000克　金针菇1 000克　全麦麦片400克

将上述食材用清水煮至半熟，加入鱼油200克，搅拌均匀即可。成年雷利诺龙每顿吃500克，每天一顿。吃不完的用保鲜袋封装，放入冰箱冷冻室储藏。吃之前拿出来在室温下解冻，切不可二次蒸煮或放入微波炉加热，否则会影响食物的口感，也会造成营养流失。

我把这个食谱告诉了李纯熙，又交代了喂养的注意事项，还亲自带着她和小灰去派出所办了恐龙证。派出所的警察得知这是一只雷利诺龙后都特高兴，觉得总算来了个稀有品种，体型娇小，简直人见人爱。他们看过小灰的体检报告和疫苗注射证明就答应给办证了，证件第一页有它的照片和名字。至此，小灰正式成为李纯熙家的一员。

之后的几年里，李纯熙定期带小灰来医院体检，我们慢慢成了好朋友。李纯熙其实是个急性子，情绪波动大，听风就是雨，但她对小灰却表现出了少有的耐心和温和。我告诉她雷利诺龙虽然不伤人，但活泼好动，带出去遛一定要拴绳，她就在家里备了十多套款式不同的恐龙牵引带；我告诉她雷利诺龙也要适当吃些零食，最好是新鲜的红色水果，她就把冰箱里塞满了苹果、樱桃和树莓；她知道植食性恐龙吃昆虫可以补充营养，所以虽然她害怕一切昆虫和软体生物，最终为了小灰她还是硬着头皮在家囤了些蜻蜓、蚂蚱和蛾子，以及她最无法忍受的蚯蚓。当然，每只恐龙都有自己的喜好和独特的生活方式，比如小灰还爱吃蝴蝶。所以夏天时，李纯熙经常带它去花园里玩耍，通常都是她坐在长椅

雷利诺龙

上看书，小灰在园子里追蝴蝶，直到落日黄昏。

李纯熙告诉我，除了有蝴蝶的花园，小灰还喜欢去有水的地方。北京怀柔的几家农家乐就不错，当地人在小溪旁围建了个大院子，里面有大片的草地和绿植，专供恐龙社交和玩耍。它们很少打架，三五成群地在溪边追逐嬉戏，抓蝴蝶，啃蘑菇，根本不用主人担心。但是，如果那个地方有似提姆龙的话，你就要小心了。

雷利诺龙性格好，跟谁都能玩儿到一起，除了似提姆龙。在遥远的白垩纪，这两种恐龙一起生活在澳大利亚恐龙湾，雷利诺龙吃素，似提姆龙以荤食为主。两个种群原本可以和平共处，但不知怎的，它们为了领地争执起来，互不相让。最后雷利诺龙竞争不过，只能搬去更南边的土地生活，两个种群从此结下了梁子。直到现在，似提姆龙见了雷利诺龙还是会一脚踢过去，前者仗着个儿高力大，往往会把雷利诺龙伤得不轻。澳大利亚恐龙保护协会的人跟我说过，他们社区养雷利诺龙的人经常游行示威，因为自己的宠物被似提姆龙弄伤，却得不到任何保护和赔偿，他们呼吁让似提姆龙迁移到别处去。可惜，在澳大利亚乃至全球范围内，针对恐龙的保护及饲养的法律还有待完善，要让自己的宠物不被欺负，全凭主人的素养及安全意识。

不像郊区龙龙混杂，北京市内相对安全，因为市内不允许饲养中大型肉食性恐龙。可是市区内对恐龙友好的场所非常少，绝大部分餐厅、咖啡厅是不允许恐龙进入的。即便店内没有明文规定不许带恐龙，但当你牵着恐龙靠近的时候，服务员会跟你说："不好意思，这里不允许恐龙进入。"那年只有三里屯北区、望京SOHO和西三旗的几家轻食餐厅允许小型恐龙进入，前提是，你和你的恐龙不能在店里随地大小便，不能吃别人的食物。

不只是餐厅，国内很多社区对恐龙也不是很友好。一方面是因为巨型宠物虽然经历了人工矮化，但依然会占用大部分公共资源；另一方面，养恐龙的人还属于小众群体，很多人对宠物恐龙不了解，观念上还没转变过来。像李纯熙家的小区，遛龙活动只能在楼后的林荫小道上进行，人多的地方不能去，不然会被邻居投诉。

小灰不贪玩，每天遛一次，在外面排完便便就回家。这里要提醒饲养恐龙的人，恐龙排在外面的便便要立即捡走或用土埋起来，因为有些不聪明的宠物会误食恐龙的大便，却又无法消化它们，有时甚至会导致窒息死亡。

雷利诺龙很聪明，稍加训练就能学会握手、立正、捡拖鞋等礼仪和技能。它们也会看主人脸色，如果你不高兴了，它会在你面前来回蹦跶，一边蹦一边吐舌头，嘴里还发出"嘤嘤嘤"的叫声，很是搞笑。另外雷利诺龙的夜视能力特别好，晚上牵出去让它走前面，遇到障碍或水洼，它会带着你安全绕过。最近国内一家盲人机构找到我，向我了解雷利诺龙的生活习性和饲养条件，他们打算从澳大利亚引进几只，尝试用它们代替导盲犬。

跟犬类一样，雷利诺龙的忠诚度很高。李纯熙说，这些年小灰在野外无数次帮她驱赶了不速之客。它知道李纯熙怕什么，在野外遇到老鼠、兔子、蚯蚓、蛇等一切她讨厌的家伙，小灰都会第一时间冲出来，把它们赶走，赶不走的就给予致命一击。

我以为小灰天不怕地不怕，直到有一年冬天，李纯熙带它去森林里露营。那天半夜气温骤降，它把头埋进睡袋里，只露出长长的尾巴在外面。第二天早上，李纯熙睁开眼睛，迷迷糊糊地看到一条白色的、毛茸茸的东西垂在她脸旁，像鸡毛掸子，又像貂皮大衣的一只袖子。她再细看，才发现那是小灰的尾巴，它的尾巴长毛了！

其实，雷利诺龙的尾巴本来就是有毛的。它们怕冷，以前在野外生活时，到了冬天它们就像猫一样，用尾巴把整个身体包裹起来，抵御严寒。至于毛的颜色，直到现在动物学家都无法解释它为什么有时候是白色，有时候是蓝色，还有的时候是荧光色。去年冬天，小灰的尾巴毛就换了好几次颜色，我怀疑这跟环境和它的心情有关，雾霾严重的时候它是灰色的，下雪天就变成白色的。小灰生日那天，李纯熙做了一个蜂蜜蛋糕，它吃的时候尾巴毛竟然变得五彩斑斓，跟彩虹一样。

所以啊，针对雷利诺龙怕冷这事儿，入冬前要做好准备，给它们准备暖乎乎的床和毛茸茸的毯子，出门要让它们穿棉衣。现在很多恐龙医院都有美毛服务，个人建议，一个季度做两次就够了，毕竟到了春天，尾巴上的毛就掉光了。衣服可以多备几套不同颜色的，根据尾巴毛的颜色搭配着穿，这样出门，回头率一定很高。

上个月我回国，特地去探望小灰。也是一个夏天的傍晚，李纯熙牵着小灰向我走来，让我想起第一次见面时的情景。不过现在她不再冒冒失失，已然成长为一个雷利诺龙的饲养专家。小灰也已长大成年，英气十足地站在一旁。李纯熙对我说："你可能很难体会，对我来说，收养小灰是世界上最幸福的事。谢谢那个夏天，让我遇见了它。"

雷利诺龙

1.2

伶盗龙大战原角龙

这几年，国内饲养小型恐龙的人越来越多。除了前面提到的雷利诺龙和莱索托龙，作为家庭宠物，来自蒙古的伶盗龙也算是比较常见的。伶盗龙的拉丁语名意为"敏捷的盗贼"，它们反应

伶盗龙

华阳龙

快，跑得也快，是多面猎手，能伏击和追赶各种大小的猎物，所以它们自有一股傲气，甚至不把大型食肉恐龙放在眼里。

当然，自视过高不是好事，这次来我们医院治疗的伶盗龙就是在跟原角龙打斗的过程中折断了小臂骨，情况不太乐观。

它的主人叫韩伟，韩伟生活在北方大草原，放牧牲畜之余以饲养鸟臀类恐龙为乐，家中老大是一只华阳龙，另外还有三只原角龙。华阳龙个头大，挺直身板足有4米长，体重超过1吨，平时爱吃嫩草嫩叶，吃饱了就躺在草原上晒太阳，从不惹是生非。那三只原角龙个头不如华阳龙，腿短头大，身材肥胖，行动缓慢，平时喜欢躲在没人的地方慢悠悠地啃树皮，用韩伟的话说，就像养了三头猪。原本几只恐龙都是性情温和的主儿，过着与世无争的田园生活，直到家里来了一只伶盗龙。

"原角龙和伶盗龙本来就是天敌，你还放一起养？"我一边查看伶盗龙的伤势，一边质问韩伟，语气并不友好。

"我也不知道啊！我前阵子在集市上看到它，觉得它长得挺可爱的，一眼就相中了，寻思它个儿不大吃得也少，随便整点儿小昆虫拌菜叶子喂喂它，应该跟养鸡差不多。谁能想到，这小东西还吃恐龙蛋啊？"韩伟委屈地解释说，"这只伶盗龙太闹腾了，不仅把家里的马圈翻了个个儿，还老招惹那几只大恐龙。作为老大，华阳龙从不把伶盗龙放在眼里，任由它欺负也懒得搭理。时间久了，伶盗龙觉得没意思，转头去跟原角龙抢吃的，好几次原角龙被惹急眼了，双方象征性地打一架，也没出过大事儿。"

事情的导火索是一只原角龙生蛋了，韩伟像往常一样将恐龙蛋和恐龙妈妈安置在家附近的孵化巢里。原角龙虽然不像哺乳动

原角龙

物那样呵护自己的后代，但它们对孩子的关切程度超过了绝大部分恐龙甚至是爬行动物。孵化巢里，十多个恐龙蛋紧密地靠在一起，原角龙妈妈会用身体护住它们，直到小恐龙破壳而出。之后小恐龙就能独立成长，所以韩伟从不把精力放在那个育婴所上。

原角龙妈妈一时疏忽，让伶盗龙钻了空子，叼着一颗恐龙蛋转头就跑，结果被恐龙妈妈逮了个正着。这次原角龙实在忍无可忍，心说："平时欺负我们就算了，都是抬头不见低头见的，你竟然偷我孩子！"而这只伶盗龙是野生的，从小没教养，初来乍到，还以为那些整天被原角龙埋在肚子下面的蛋是它私藏的食物，它也不是故意偷别人的孩子，所以心里也很委屈。

这次谁都没废话，两只恐龙上来就打。伶盗龙脑子机灵，一开始就占了上风，敏捷地跳到原角龙背上，一只脚踩着对手的脖子，再用前肢的利爪勾住对手，另一只脚翘起9厘米长、像极了弹簧刀的第二趾，一跃而起，将弹簧刀刺进原角龙的背部，紧接着用锋利的牙齿使劲撕咬。原角龙疼得大吼一声，猛烈摇晃身体，想将伶盗龙晃下去，奈何被对手尖钩般的利爪牢牢锁住，越晃越疼。还好原角龙身强力壮，它回过神调整身体平衡，瞬间原地转了一圈，由于转速快加上伶盗龙头部的重量，伶盗龙很快便失去平衡掉到了地上。原角龙趁机猛冲，用厚实而强壮的喙部将伶盗龙撞倒在地，随后用硕大的头部压住伶盗龙的整个身体，只露出两个前肢拼命挣扎。伶盗龙不服输，深吸一口气，核心发力，铆足劲仰起头一口咬到原角龙的脸上。可是原角龙的脸太光滑了，五官角度也清奇得很，那一口根本咬不住，瞬间就被对手一鼻子撞回去了。原本打算休战的原角龙被这一口气坏了，它侧脸对着伶盗龙，面部肌肉抽搐，眼睛充满怒火，张开大嘴一口咬住了它的前肢，像啃树皮一样，咔嚓一声，伶盗龙的前肢断了。

闻声赶来的韩伟一下子意识到事情不妙，跑上前推开原角龙，一把将伶盗龙抱在怀里，只见它默不作声，身体微微颤抖，左前肢上印着泛血的大牙印，眼睛里闪烁着倔强的泪花。

"我赶紧用水给它洗伤口，还涂了些酒精，然后用纱布包起来了，想着养几天就没事了。"韩伟说，"受伤后它不怎么动弹，也不好好吃饭，但多少还会吃些蚯蚓之类的零食。昨天下午它睡了很久，之后就没清醒过，呼吸也是断断续续的，我看着着急呀，就连夜开车带到你们这儿了。"

事实上，我见到这只伶盗龙的时候是它受伤的第四天，已经过了最佳治疗期。拆开包裹的纱布，我发现伤口已然模糊不清，血肉里夹杂着羽毛，还有腐烂的味道。我们立即将它送到医疗室，剃毛、清洗伤口、拍X光片、安装固定支架。经过一系列检查，我确认这只伶盗龙左小臂骨骨折，由于伤口发炎化脓，引发了严重的并发症，出现感染性休克。

"现在有两个方案，"我跟韩伟说，"第一是截肢，虽然会终身残疾，但或许可以保住性命。第二，它现在不仅是被咬伤的部位恶化，体内细菌感染也很严重，很多器官出现坏死的征兆，用药怕是来不及了。就算截肢，也不敢保证一定救活，与其让它忍受剧烈的疼痛和无法预知的恐惧，我们建议，对它施行安乐死。"

"截肢的话，生存率多少？"韩伟问。

"不足20%。"我答。

"截肢！"韩伟丝毫没有犹豫。"我现在就去办手续。"他红着眼睛说。

"手术费加后期治疗费很贵的，你要不要再……"我还没说完，他就走出了治疗室。

当即我们就成立了治疗小组，包括我在内，另外还有一名内科医生、一名麻醉师和两名护士。下午2点，护士为伶盗龙进行全身清洗和剃毛，最后只留下尾巴上的羽毛，远看就像一只即将被送入烤箱的火鸡。推进手术室后，麻醉师采用吸入式麻醉的方式让伶盗龙沉沉睡去，并通过监测仪观察它的心率和血压，确保它呼吸顺畅，一旦出现异常，将立即停止麻醉。我看了看它的伤口，前肢上部还算完好，决定截取中段以下部位，我用记号笔画好皮瓣。护士拆除固定支架后，我用手术刀沿着皮瓣切开皮肤，切断外侧肌，处理好神经和血管，让胫骨暴露出来，随后切断胫骨和腓骨。想到后期安装假肢的问题，我提前做好了准备，用电动锉刀在断骨处打磨了很久，直到它们光滑整齐。最后是缝合肌肉和皮肤，包扎止血，石膏固定。这样有助于肢体愈合，断肢部位也能更好地与假肢相连接。

　　两个小时后，手术结束了。麻醉师和内科医生留在手术室内观察伶盗龙的状态，我出来向韩伟说明情况。"截肢手术顺利，麻醉会在20分钟后停止，不然它突然醒来感到剧烈的疼痛会不适应。你去办下住院手续，至少一周吧，看看断肢愈合程度。另外要做静脉注射和药物治疗，看能不能救活，具体情况你可以问内科医生。"

　　韩伟听完我的话，一屁股坐在椅子上，像个闯了祸的小孩儿，低着头问我："那医生，我晚上能在你们这儿过夜不？我得陪着它。"

　　"住院不允许陪床，有护士照顾，你放心吧。"我说。韩伟不

伶盗龙

再多说什么，起身去办住院手续了。

我们医院确实不允许陪床，住院部地方小，很多恐龙要先预约才能安排入院。好在当天有床位，不然我们都不知道该把这只伶盗龙放哪儿呢。如果是中、大型恐龙，就得用大货车拉到六环外的一家恐龙疗养院，那里面积大，有足够的治疗空间。住院的恐龙大多数是打架受伤进来的，有被打断角的、打断肋骨的、咬掉尾巴的，还有肩膀、脚趾被咬伤的，这种创伤经常导致感染，伤口化脓，愈合周期长，一不小心就会影响骨骼结构。

幸运的是，这只伶盗龙身体素质好，截肢部位愈合较快，在内科医生的治疗下逐渐恢复了健康。一周后，它开始自主进食，精神也好多了。韩伟终于松了一口气，连连向我们鞠躬道谢。伶盗龙出院时还打着石膏，我叮嘱韩伟："三个月后送回来复诊，其间伤口不能沾水，不要让它到处乱跑，坚持吃抗生素，偶尔炖点儿鸡汤给它喝。还有你家里那几只原角龙，如果它们还是无法好好相处，就得分开养了。"

韩伟说："是是是，谨遵医嘱，有情况我第一时间向你们汇报。"

站在一旁的护士小李扯着我的衣角，小声跟我说："你知道吗？他这几天都是在咱医院隔壁的招待所睡的，每天一大早就跑过来看他家孩子，一米八几的大男人偷偷摸摸跟那儿抹眼泪，饭也不怎么吃，偶尔蹲在医院门口吃碗方便面。"

我问："他哭什么呢？危险期第三天就过了不是？"

"估计是哭自己神经大条吧，早点送来治疗就不至于截肢了。"小李眼珠子一转，又说，"哦对，也可能是哭穷吧。这次手术费、治疗费、住院费加起来得有十几万，后续复诊、用药也得花好几万呢，听说他家里没那么多现钱，卖了好多牛。"

不管卖牛的事儿是听说还是事实，韩伟在选择为伶盗龙截肢保命的那一刻就让我无比敬佩。在恐龙医院工作的这几年里，我见过很多由于种种原因导致的遗弃和背叛，主人一旦产生这两种念头，无论之后表现得多么纠结和不舍，在两种念头开始拉扯的那一瞬间，宠物悲惨的后半生基本就注定了。韩伟不一样，自始

伶盗龙

至终他只有一个念头——我要让它活下去。

后来，我拜托做假肢生意的朋友为这只伶盗龙3D打印了一个前肢，半年后，这只伶盗龙的伤口完全愈合，韩伟按照说明书将假肢安装在它左小臂骨的下方。伶盗龙试着用三个下肢撑起身体，小心翼翼地把左前肢放在地上，轻轻触碰草地，触碰了两三下，它原地转了一圈，突然一跃而起，以每小时50千米的速度在草原上奔跑。这个假肢跟原生的没什么差别，只有一点：它再也长不出漂亮的羽毛了。

1.3

为脆弱异特龙众筹

2012年，美国大沙丘国家公园（位于科罗拉多州）的园长来中国旅行，途经四川，受当地相关部门邀请前往成都大熊猫繁育研究基地参观。跟许多外国友人一样，这位园长看到大熊猫就走不动了，张着大嘴说："我的天，世界上怎么会有这么萌的家伙？"园长对大熊猫的痴迷到了几近疯狂的地步，他在繁殖基地守了三天三夜，用镜头记录下大熊猫的吃喝拉撒睡，而他自己却茶饭不思，最后被人强行拖回了酒店。

"不行，无论如何我也要带大熊猫回美国！"园长坐在酒店房间的地板上暗自起誓。他请求花重金租赁两只大熊猫，并保证待它们产子后再送回成都。为表诚意，他承诺在科罗拉多州建立熊猫基地，将大沙丘国家公园收入的50%投入到这个基地的建设和运营中，确保熊猫宝宝一生富贵。后来，园长如愿以偿，并迅速回赠了两只科罗拉多州的特产——脆弱异特龙。

　　成都熊猫基地的团队欣然接受了这份回赠礼物，因为异特龙在美国非常有名，而且是国家级的保护恐龙。当时国内几乎没有进口恐龙，如果引进，必定备受瞩目。团队本以为，这两只恐龙想必是经过基因改造后人工矮化的小恐龙，跟它们的名字一样"脆弱"且可爱。于是，他们专门为这两个小家伙开辟了一个小型展区。

　　可是他们万万没想到，送到成都的这两只脆弱异特龙是原版大小的庞然大物！体长8.5米，重1.7吨，长而粗壮的前肢装备着尖钩状的利爪，高而健硕的后肢拥有强大的支撑力，沉重而坚硬的长尾能够横扫一切猎物。最要命的是它们的牙齿，70颗牙齿都有锋利的刀刃锯齿状边缘，仿佛张开大嘴就能撕碎整个世界。它们在科罗拉多州横行霸道不可一世，就连"巨兽"剑龙遇到它们都得退避三舍——这到底哪里"脆弱"了啊？成都接待团队的负

异特龙

责人仰望着这两头巨兽，吓出一身冷汗。

更何况，成都这样一个安逸的城市，根本无法容纳这两只庞然大物。送回去太没面子了，留下来又不知道怎么处置。几经周折，终于有一家小型动物园肯接收它们，并调动一切资源建立了"脆弱异特龙栖息地"。

刚开始，脆弱异特龙为这家动物园带来了可观的经济收入，游客对它们充满好奇，既热情又友好，它们享受着明星般的待遇，就连住在对面的大熊猫都心生嫉妒。可是好景不长，随着异特龙逐渐成长，它们饭量剧增，栖息地面积也急剧扩大，动物园的经营成本越来越高。

在侏罗纪，异特龙主要吃弯龙、圆顶龙、梁龙和迷惑龙，兴奋的时候还去抓剑龙。在大沙丘国家公园的时候，它们的主食是牛羊肉。可是，如今这家小动物园提供不了那么多肉，工作人员只能每月给它们俩塞几头牛啊羊啊，凑合着过。长此以往，异特龙消耗掉了动物园的绝大部分资源和资金，动物园入不敷出，再也没钱给它们买肉了。

2014年，我在这家动物园快倒闭的时候见到了这两只脆弱异特龙，当时它们真是脆弱极了，趴在地上无精打采，半睁着眼睛喘着粗气。几只猴子在它们背上肆意叫嚣着，而它们只是忍辱负重，就像是过了气的明星，仿佛抱怨着世事无常。栖息地边上的木质围栏塌了好几处，周围的绿植也被踩踏得不成样子。

"这两只异特龙好几天没动弹了。"动物园园长告诉我，"我们当地没有专业的恐龙医生，只好让您跑一趟。"

虽然它们很虚弱，但我们还是按《猛龙处置规程》给它们做了完善的麻醉，然后通过牵引撬开异特龙的嘴，又搭建了近三米长的钢架撑住它们的身体。这时的栖息地看上去就像一个施工现场。我和另一位同事拿着探照灯靠近张开的大嘴，瞬间一股恶臭袭来，它的牙床被木刺扎伤，牙龈已经红肿化脓。

之后我将它们干燥的粪便用榔头敲开，看到里面掺杂着很多未消化的木屑和小石头，这两个可怜的家伙，就是饿的。

"一看就是很久没好好吃饭了，身体虚得很。边上那些破破烂烂的围栏和植物都是它们啃的吧？"我问园长。

"是的，这也怪我们，实在没有能力给它们吃肉了，后半年它们时不时就去咬木头和树干。"

"它们还吃小石头，这些东西原本是帮助它们消化肉类的，可又没肉吃，木头搅拌石头，肯定营养不良，又被木头扎伤嘴，患上了牙槽炎。"说着我接过同事交来的检查报告，递给园长。

园长看过报告，抹了一把额头上的汗，目光坚定得像一个性情少年："治！哪怕动物园倒闭也要把它俩治好！"

"治病很容易，难的是吃肉。"我说，"这种体格的异特龙三天至少要吃一吨肉呢，消耗不菲，如果实在养不起就送回科罗拉多州吧。"

园长的目光瞬间暗淡，目前他似乎还没想出办法解决肉的问题，转头看向他的团队伙伴。大家都默不作声，谁都不知该如何是好。沉默片刻，团队里一个年轻人突然说："我们去众筹吧！让网友捐钱给异特龙买肉吃！"

"众筹？"

"对，众筹！"

不得不说这是个好法子。那些年国内众筹行业火爆，众筹平台超过一百家，支持众筹项目的人数也有几千万。而那时参与众筹的多以实体产品和公益行动为主，给恐龙筹钱买肉——还真是件新鲜事儿。

动物园团队说干就干，立即以两只异特龙的名义在网上发起了众筹，筹款目标50万元，可供它们衣食无忧地生活一年半载。

异特龙

整个项目围绕异特龙的生活现状展开，主打感情牌，根据支持额度，设置不同档次的回报：

---

100 元　　　无偿支持；

1 000 元　　获得无菌化处理的异特龙便便一小块；

2 000 元　　近距离与异特龙合影；

5 000 元　　获得异特龙脱落的牙齿一颗（限量 100 个）；

10 万元　　　个人卡通画像展示在异特龙居住区内（限量 30 个）；

50 万元　　　个人铜像展示在异特龙居住区内，载入动物园史册（限量 3 个）。

众筹项目上线后，网友炸开了锅。大多数人对这两只恐龙的遭遇表示同情，选择无偿支持。想与异特龙拍照和获得它们的便便、牙齿的人也排起了预约长队。经过媒体报道发酵，筹款很快超出预期，达到了 400 万元。甚至有三位网友一次性支持了近 100 万元，但没有一人选择将自己的雕像矗立在动物园里，他们甚至连自己的真实姓名都没有留下。

当然，有支持就有质疑。有人觉得回报恐龙牙齿这事儿不对，认为取牙齿的过程会跟取象牙一样惨无人道。动物园赶紧出来解释，异特龙的牙齿是自主脱落、不断更替的，而且更替周期很短，它们的牙齿永远不会失去锋芒。只要定期收集脱落的牙齿，就能保证在两年之内发放100颗牙齿。也有人觉得和恐龙拍照很危险，毕竟它们是凶猛的肉食性恐龙，但其实这两只异特龙从小在人类的看护下成长，虽然外表凶神恶煞，内心却非常柔软，能感受到人类的善待和友好，从不攻击人类。即便当初饿到不行，它们也只是啃啃围栏和树枝罢了。

事情进展得非常顺利。通过这次众筹，这俩大家伙名声在外，很多媒体前来采访，为异特龙撰写感人肺腑的报道。全国各地的游客慕名而来，争相目睹它们的高大威猛。动物园的收入比之前翻了几番，异特龙终于吃上肉了，园区恢复营业，栖息地重启扩建，为它们的繁育做好准备。

正当园长和他的团队为此庆祝的时候，一件让人意想不到的事发生了。

那是一个阴雨天，动物园里没什么人。在异特龙栖息地外，一位男士打着把伞站在那里。在此之前，动物园接到一个电话，来电者声称关于异特龙的后续生活问题他想与园长见面聊聊。园长将那位男士请到办公室，他收伞落座，园长将他仔细打量了一番。这是一位四十多岁的中年男子，身材修长、着装朴素、发型干净利落，清秀的脸上架着一副黑框眼镜，那气质像极了历史老师。

"这位先生，您说想聊聊我们动物园那两只异特龙的生活问题，具体是什么呢？"园长一边为访客沏茶，一边小心翼翼地询问。

"在网上看到你们的众筹，筹到了400多万元吧？能支持多久呢？"中年男子反问道。

"吃饭加上栖息地修缮、扩建，应该能支持个两三年吧。不过我们动物园客流量提升了，经营得当的话应该能维持更久。"

"这么说，两只恐龙平均一年的花费至少得100万元。它们还能活多久呢？"

"大的9岁多了，小的那只8岁。异特龙是偏温血恐龙，应该能活到40至50岁。"

"按50年算，这两只异特龙还要活40年，一年花费100万，40年就是4 000万，这还不算物价涨幅、医疗、意外等其他消费。那它们有了后代呢？也放在你们动物园养吗？到时栖息地还要扩建吧？两只恐龙你们都差点没养好，将来有了孩子要怎么办呢？"

园长被中年男子一连串的问题问得哑口无言，放下茶杯，揉了揉眼睛说："未来当然不可预测，但我们通过这次事件得到了教训，也建立了长期的运营计划，会尽可能让它们过上安稳的日子。我们也是第一次养恐龙，总有些考虑不太周全的地方。"

中年男子没有说话，深思片刻，从包里拿出一沓文件递给园长，园长看到上面几个大字"助养协议"，更加摸不着头脑了。

"如果决定养它们，就得做好万全准备。"中年男子说，"我每年给你们捐助200万，直到我去世。这笔款项只能用于你们动物园异特龙的饲养，包括饮食、医疗、居住等，每笔花费都要有明细。

如果异特龙发生意外或有其他大型的项目计划，也可以跟我说，我会视情况额外捐助。具体内容协议里都有，你可以看看。"

园长听得一脸问号，被对面的男子说得一头雾水，搞不懂为什么有人会平白无故地跑来给他们捐款。

"这钱可不是白给的，"中年男子摘下眼镜，笑着说，"我要这两只异特龙的命名权。"

"还有呢？"园长赶忙问，生怕他提出什么离谱的要求。

"没有了，就这一个条件。"中年男子说，"没有问题的话随时可以签协议，签署后三天内钱到账。"说完，中年男子戴上眼镜，拎起包出门了。

后来，园长找律师反复审读了这份协议，又与中年男子通了几次电话，沟通具体事宜，最终确认合作意向。一周后，他们签了捐助协议，第一笔200万元的捐款如期到账。

对于异特龙来说，每年多出的这笔生活费简直令它们如虎添翼，它们拥有了更加多样化的饮食和更广阔的栖息地，而且想生多少孩子就生多少。动物园还为它们聘请了专业的恐龙医生和饲养员，它们的孩子也将赢在起跑线上，过上"富二代"的生活。

直到我写这个故事的时候，那个中年男子依旧履行着承诺，每年按时捐款。他行事低调，只要求动物园上报花费明细，没有提出过额外要求。

"还有命名权呢？他给恐龙起了什么名字？"我在电话里问

园长。

　　"协议签署后就赐名了，大的叫董冬冬，小的叫董秋秋。"园长说，"那位先生姓董，为什么取这名他也没解释。据说跟他的孩子有关，他的两个孩子一个是冬天出生的，一个是秋天出生的，而且都喜欢恐龙。董先生是个商人，平时跟孩子相处不多，也不善言谈，可能是想通过这种方式表达一些爱意吧。"

　　挂掉电话，我突然想起一个叫塞尔南的人。他是人类最后一次登月团队的成员，当时他把脚印留在月球上时做了一件非常私人的事——俯下身子，用手指在月球上写下了自己9岁女儿翠西的名字。因为月球表面没有空气和风化作用，翠西的名字将会在月球表面留存上千年。

　　和塞尔南一样，这个中年男子用尽一切方式向孩子表达自己的爱，给恐龙命名可能只是其中之一，天知道他还做了哪些可爱

异特龙

的事情呢。即使不能像翠西的名字那样存留千年，但董先生的孩子们长大后，会知道世界上生活着两只霸气的异特龙，而它们的名字是因他们而起的，或许能通过这份专属的礼物感受到爸爸的心意，或许可以谅解爸爸的忙碌，又或许，他们能用自己的方式为恐龙保护与救治做些什么吧。

1.4

鹦鹉嘴龙是怎么火起来的

"我要按捺住激动的心情，女士们先生们，现在，我要打开箱子了。我已经好多年没有过这样的感受了，如此期待一只恐龙，在凌晨3点的时候送到我家门口——鹦鹉嘴龙，棒极了！我要如何打开这个箱子呢？

"面朝我打开？哦不，还是对着镜头正面打开，第一次正面看到它的机会给你们了！准备好了吗？

"我要打开了！哦不，还是要放平，不然会弄伤它。好，这次真的要开箱喽。咔嚓咔嚓……天啊！这就是我说的，这太酷了！

"我们越来越接近它的本来面目了，在这之前，没有任何一个媒体人见过这种恐龙，它的保密级别也是我从业这么多年以来极少见到的。啧啧，看看这个包裹它的箱子，上面还有烫金的字，光这箱子就得值300块吧！

"让我把它头上的盖子掀开，棒极了！这是我独享的时刻！镜头对准这里，快看，它头顶的纹路是巧克力色的，天啊！

"跟其他棕色皮肤的恐龙不一样，这是一种特殊的颜色，散发着清新自然的气息，能让人感受到生活与自然相互融合的意境，棒极了！这种棕仿佛让我置身于地中海的微风中喝着热巧克力，我太幸福了！接下来让我们看看它的眼睛，天啊！

"绿豆般可爱的眼睛，外层包裹着一圈高贵的金色，瞧它的眼珠子又圆又黑。你们发现没有，这不是普通的黑，而是五颜六色的黑！棒极了！我要让它把整个头部都露出来了……"

以上，是一个恐龙自媒体人发布的鹦鹉嘴龙评测视频，我只描述了视频开头。干货我没记住多少，只记得整个视频中这位自媒体人发出了数十次"天啊""棒极了"等夸张的感叹，语气表情都演绎得特别到位，简直令人敬佩。整个视频长达46分钟，光开

鹦鹉嘴龙

箱的部分，就足足唠叨了十多分钟，如果我将内容描述完整，都可以出本书了。

不过视频也不全是废话，比如，在此之前还没有媒体人见过鹦鹉嘴龙这一点基本是事实。不过与其说没见过，不如说没关注过。

鹦鹉嘴龙的"外衣"确实好看，皮肤颜色鲜活明亮，除了视频中提到的巧克力色，有的鹦鹉嘴龙头顶是深紫色、绿色与白色相间，呈不规则的片状组合，像一段色彩斑斓的石子路。它们尾部顶端长有刷子般的鬃毛，色彩艳丽。

可是，作为宠物，鹦鹉嘴龙并不受人待见。它们的头部又扁又宽，腮帮子上方长着两个突出的尖角，嘴巴像鹦鹉，但不呈钩状，一副没有发育完全的样子；主齿列又短又平，上颌前部连牙齿都没有。如果单纯形容鹦鹉嘴龙的长相，那么"外星人"这三个字再合适不过了。人类养宠物首先看颜值，鹦鹉嘴龙长得太怪异了，自然不会有多少人关注。

有趣的是，这个恐龙自媒体人的评测视频得到了广泛关注，在发布的10天里，视频在某网站有了近500万的播放量，并吸引了至少80万条弹幕评论，不少人都是"慕名而来"的。紧接着，无数媒体、网红对鹦鹉嘴龙进行轮番吹捧，称之为最奇妙、最值得拥有的宠物，实乃世间罕见。

我实在不明白，鹦鹉嘴龙怎么就罕见了？它们大量生活在我国东北地区的农村，由于繁殖速度极快，很多地方都闹鹦鹉嘴龙灾了。而且这些家伙是吃素的，经常跑去地里啃食庄稼，一度对农业发展造成了不少困扰和阻碍，农民们苦不堪言。这些事情媒体也报道过啊，怎么就没人注意呢？

更让我不明白的是，经过这轮炒作，鹦鹉嘴龙竟然成了网红产品，遭到城里人的疯狂抢购。任何产品一旦爆红就会涨价，比如说牛油果吧，打着健康、小资的旗号击中消费者痛点，从原本滞销的商品摇身一变成为贵气十足的高档水果，这背后实则是一场营销游戏。但很多人不在意这些，他们在意的是，别人有的东西我也要有，所谓紧跟社会潮流嘛。

为了跟上潮流，人们愿意花大价钱购买鹦鹉嘴龙。市场价从刚开始的2万元一只涨到3万元、5万元，有的奸商不知从哪儿搞到了长相不是很丑的鹦鹉嘴龙，说这是来自西伯利亚的贵族恐龙，在黑市上以8万元一只的价格售卖。我看了，那其实只是产自我国西北的马鬃山鹦鹉嘴龙罢了。

鹦鹉嘴龙成为网红产品不仅导致市场价格混乱，也给城市生活带来了极坏的影响。

我之前提到过，鹦鹉嘴龙的繁殖速度是很快的，它们一次能生35~40只蛋。这么大量的恐龙蛋，一般家庭是无法处理的。饲养它们的主人只能将恐龙蛋丢在垃圾站或马路边，不管不问，有的甚至直接带鹦鹉嘴龙去公共场所生蛋，生完才能回家。小恐龙从破壳而出的那天起就变成了弃儿，满大街乱跑，把垃圾桶里的食物叼得到处都是。它们还跑到商场里面肆意排便，埋伏在坚果摊下面偷吃花生米，堵在马路中央"指挥交通"。

"不能再这么下去了，老百姓的日子没法过了！"A市市长找到我，他们那里鹦鹉嘴龙灾害严重，请我出谋划策。

早前我去他们市里考察的时候，有人提出将被遗弃的鹦鹉嘴龙集中起来施行安乐死，遭到爱龙人士的强烈反对，市长也不同意，他希望我们能在不伤害它们的情况下妥善处理。之后我便与国家恐龙保护协会取得联系，商量出了一个解决方案。

"集体牵引？这能做到吗？"市长问我。

"理论上可以做到，只要途中不发生意外就可以到达目的地。"我向市长详细说明牵引方案：先将城市里的鹦鹉嘴龙聚集起来，分成若干小队，每队由一只大鹦鹉嘴龙带头登上集装箱车，由A市运往距离最近的内蒙古恐龙保育区。整个车程7小时，中途需休息2~3次，让它们下车调整状态，进食排便。每辆车都要配备一个随队医生和两个工作人员，确保安全。

"成，就这么办！"市长说，"我这就安排运送车辆和人员，你们还需要什么？"

"再准备一些坚果和水果吧，路上给它们充饥。"

一周后，牵引工作正式开始。小恐龙们被安置在一个公园里，我数了数，有九百多只。我们让几个人高马大的工作人员穿上提前准备好的鹦鹉嘴龙的定制服装，假扮成它们的妈妈。"嘤嘤嘤，宝贝们到妈妈这儿来，按大小个儿排成一队，不要乱跑，不要跟同伴打架。"工作人员一边发号施令，一边用坚果吸引它们的注意。由于鹦鹉嘴龙是群居恐龙，且具有育幼的习性，它们自然而然地排成长队跟在"妈妈"后面，每30只一组，很快形成30支队伍，浩浩荡荡，登上集装箱车，踏上了牵引的路途。

就像幼儿园春游，小恐龙们吃着坚果零食，一路欢声笑语。中途下车休整，医生挨个儿为它们检查身体，看是否有缺氧、晕车等症状。天黑之前，小恐龙们在"妈妈"和恐龙医生的护送下到达内蒙古，那里是国家恐龙保护协会新建的恐龙保育区，也是它们未来的家。

按照同样的方案，我们用了小半年的时间将其他地区被遗弃的鹦鹉嘴龙牵引到邻近的恐龙保育区里，没有暴力、没有冲突，

鹦鹉嘴龙

城市终于恢复了往日的安宁。在这里我要感谢国家恐龙协会，他们早早启动了恐龙保育区的建设并逐步完善。如今，国内大大小小的保育区已经有上百个了。在他们的宣传下，越来越多的人加入到恐龙保护的队伍里，成为志愿者或从事恐龙相关的工作。他们不仅看护恐龙，还通过各种方式，利用各种资源生产并销售恐龙的副产品，以增加保育区的收入，帮助更多流浪恐龙安居乐业。

就拿鹦鹉嘴龙来说吧，它们的恐龙蛋富含钙、铁等元素，营养丰富，保育区将蛋加工成罐头远销海内外。还有的鹦鹉嘴龙蛋直接被送到成都动物园那样的地方，给异特龙等大型恐龙当零食。当然，不是所有古爬行动物的蛋都能赚钱。比如有一种体毛是粉色的翼龙——哈密翼龙，它们属于翼龙，是恐龙的近亲，喜欢吃浅水里的小型水生动物，它们的蛋不仅个头小，还是软皮的，难以运输和保存。更要命的是，哈密翼龙跟鹦鹉嘴龙一样，大量生

哈密翼龙

活在我国境内，它们繁殖速度快，生长速度也快。

"天啊！哈密可不仅仅有哈密瓜哦！你们见过粉色的翼龙吗？从业这么多年，我第一次亲眼见到像火烈鸟一样的恐龙，幸运如我！

"让我来感受一下它粉嫩而毛茸茸的身体，准备好，我要摸它喽。棒极了！这手感，绝了！

"光滑柔顺，饱满充实，抚摸它就好像在抚摸一块高级的天鹅绒，让我感受到了母爱般的温柔。这就是传说中的哈密翼龙，世间罕见啊……"

以上段落，来自那个捧红鹦鹉嘴龙的自媒体人最新发布的评测视频。我呆坐在电脑前，头皮发麻，看着不断上升的播放量和瀑布般围观叫好的弹幕，按下暂停键，把鼠标滑向视频右下角，抬起右手食指，默默点下了"举报"按钮。

1.5

世界上最后一只狭翼鱼龙

"保护我们的环境，并不是自由派或保守派之间的争端，而是常识。"

1983年，美国总统里根发表演说，对距离美国海岸约300千米的海域宣布主权。该区域属于缅因湾，是一片神奇的海域，生物多样性极其丰富，其中心地带是一片被称为卡西斯海脊的海域，位于缅因湾距马萨诸塞海岸130千米处。卡西斯海脊是一个水下山脉，最高处距离水面只有6米，总面积大约是罗得岛州的一半。那里的生态系统不可思议，生长着美国大西洋沿岸最大的海草林，巨藻起伏、珊瑚成群，还生活着各种奇形怪状的贝类和海星，仿佛一个巨大的水下森林，供养着大量鳕鱼、鲨鱼、小鳁鲸和快要绝种的露脊鲸、座头鲸。其中，也生活着恐龙界的游泳健将——狭翼鱼龙。

狭翼鱼龙是鱼龙家族的一员。鱼龙家族在侏罗纪早期称得上

狭翼鱼龙

是大家族，那时不仅有狭翼鱼龙，还有大眼鱼龙和一些庞大的肉食性鱼龙。后来随着演化放缓和气候变化，家族成员逐渐灭绝，最后只剩下狭翼鱼龙还顽强地活着，担负起了重振鱼龙家族的使命。

早在1983年以前，狭翼鱼龙就在缅因湾定居了。它们拥有细长的嘴巴和光滑的皮肤，还有炯炯有神的大眼睛和完美的流线型身材，堪称缅因湾"第一大美人"。面对"大美人"，生活在这里的其他生物并不敢靠近，尤其是小型鱼类和乌贼，因为一个不小心就会被"大美人"吃掉。被狭翼鱼龙吃掉的体验是非常差的，它会先用长嘴巴中那些密集而锋利的小牙齿将猎物攥住，之后再囫囵吞下去。随后猎物的肉体就像进入了一个快速运转的绞肉机，一寸一寸地被碾碎，最后才被吞进肚子里。

猎物一旦被狭翼鱼龙盯上，基本就离死不远了。狭翼鱼龙的

大眼鱼龙

眼睛好像来自外星物种，最大的直径有30厘米，拥有清晰且不失真的视力，可以收集投入水中的昏暗光线，哪怕猎物躲在深暗的珊瑚礁下也能被它一眼瞧见，这时候，就算想逃也来不及了。长而狭窄的嘴巴，4条由多块骨头组成的后鳍状肢，可高速摆动的尾鳍以及流线型的光滑身体，这一切令狭翼鱼龙得以在水中高速冲刺，它会以50千米的时速冲向猎物藏身的珊瑚礁，然后把它吞进绞肉机里。

如果你去缅因湾采访那里的生物，采访问答大概是这样的：

"你觉得这里谁最漂亮？"

"当然是狭翼鱼龙。"

"那你觉得这里谁最讨厌呢？"

"当然是狭翼鱼龙！"

的确，再出众的相貌也抵不过凶猛的习性和诡异的性格，生活在卡西斯海脊的狭翼鱼龙没有朋友，精神上倍感孤独。到后期，绝大部分生物都跟它们保持着安全距离，导致它们连捕食都成了问题。狭翼鱼龙的自身性格固然是造成捕食困难的原因之一，但人类的过度捕捞才是根本问题。

　　美国宣布海域主权并没有让缅因湾得到切实的保护，在那里成为新英格兰第一个国家保护区，为濒临灭绝的生物提供庇护之前，缅因州的工业性捕鱼正在一步一步地掏空这里。几十年前，缅因湾的鳕鱼数量是周围海域的500倍，之后它们的数量急剧下降，比几十年前数量少了96%。石斑鱼、鹦嘴鱼也大量消失，几乎被人类吃光了。

　　除了鱼类和贝类，狭翼鱼龙也难逃厄运。

　　在狭翼鱼龙还没有成为保护级物种的时候，有个渔民不知道用什么办法活捉了一只，并把它切成段，放在锅里蒸熟了，他是第一个吃狭翼鱼龙的人。这件事得到了生物学家的关注。说来也奇怪，当时专家们并没有指责那个渔民，而是聚在一起研究狭翼鱼龙的结构和成分，研究着研究着，就把锅里的肉都吃光了。之后他们还联合发表了一篇论文，中心思想是"狭翼鱼龙的皮肤里含有丰富的胶原蛋白"。这下可好，坚信吃胶原蛋白就可以延缓衰老的人们兴奋不已，纷纷将餐桌上的猪蹄换成狭翼鱼龙，开心地啃了起来。他们中间还流传着一句俗语：吃脑健脑，饮血补血，吃狭翼鱼龙变大美人。

　　结果如你所想，渔民们发现了赚取财富的新大陆。短短几年，缅因湾的狭翼鱼龙由之前的上千只变成几百只，而它们又是世界上仅存的。这时候，生物学家终于开窍了，他们又发表了一篇论文，中心思想是"再这么吃下去狭翼鱼龙就要绝种了，快将它们保护起来，禁止捕捞"。这下可好，之前那些购买狭翼鱼龙的人听到这个消息更兴奋了，越是不让吃的东西越是好东西，趁它们灭绝之前赶紧再买几只囤着。

　　与此同时，深海里的狭翼鱼龙家族围在一起浑身瑟瑟发抖。它们实在想不明白，是什么驱使那几个生物学家发表那样的论文，是道德的沦丧，还是大脑的短路？

　　倘若恐龙之间会交流，说不定会有这样的对白：

　　"如果真想保护我们这种可以吃的生物，不能只说我们要绝种了，还得告诉人类这东西吃了对身体不好！"家族老大怒气冲冲地说。

　　"对呀，我们身体里的胶原蛋白比猪蹄的胶原蛋白分子量大几十倍呢，人体根本吸收不了，吃多了还会造成脂肪和胆固醇堆积。别说变大美人了，只会变成大胖子！"其他成员七嘴八舌地加入进来。

　　"哪怕再杜撰一些呢？比如我们体内有很多细菌和寄生虫，高温下也有顽强的生命力，吃下去会得病。"

"或者说我们是地球的元老，比你们人类年长上亿年，吃元老级别的物种会遭报应的！"

不得不说，狭翼鱼龙还是挺了解人类的。人们会对被保护起来的东西充满强烈的好奇心和获取欲，不过，如果一旦听说这东西一点儿都不好，还那么贵，大部分人就会选择放手。可是还没等人类放手，狭翼鱼龙就决定逃走了。先是被其他海洋生物排挤，后来是吃饭成问题，最后还惨遭人类毒手，连生存都不能保证。为了完成鱼龙家族的复兴使命，它们决定搬离缅因湾，前往墨西哥湾。

为什么选墨西哥湾？

我又不是狭翼鱼龙，我哪儿知道？不过据我猜想，大概因为那时的墨西哥湾同样拥有丰富的海洋资源和鱼类，比如数不清的红鲷、鲻鱼、比目鱼，还有虾、牡蛎和螃蟹。狭翼鱼龙可以把这些小鱼小虾塞进绞肉机般的嘴巴里，痛痛快快地吃一顿饱饭。

狭翼鱼龙本以为好日子来了，可没想到墨西哥湾的海洋捕捞业也很发达。虽然开放性捕鱼的海域超过13万平方千米，对于狭翼鱼龙的饮食不会造成太大影响，但它们早已名声在外，有消息灵通的渔民从缅因湾直接追过来，一定要将它们送上人类的餐桌。又过了几年，墨西哥湾深海采矿业崛起，这严重破坏了鱼类的海洋栖息地，狭翼鱼龙的生活质量一落千丈。对于海洋，人类不断从里面攫取东西，又不断把不属于那里的东西硬塞进去，反反复复，普通生物都受不了这种折磨，更别说为数不多的狭翼鱼龙了。随着过度捕捞与开采、气候变暖、海洋污染，到2009年年初，世界范围内的狭翼鱼龙就只剩下一只了。

同样是2009年，3月的一个凌晨，我接到北美恐龙保护协会会长的电话，他请求我立即前往墨西哥的坎佩切，抢救一只鱼龙。我当时心头一紧，有种不好的预感，祈求上苍千万别是那只狭翼鱼龙。会长沉默片刻，在电话那头哽咽道："没错，就是它。"

几个月前，他们通过深海探测器发现那只狭翼鱼龙怀孕了，体内的卵还没完全孵化，按照正常发展，它会在小宝宝孵化成形后将它们释放到海洋里。可就在一天前，他们观察到它长时间停留在一片海藻中，呼吸困难，生命体征微弱。

我挂掉电话，立即购买了最早的一班机票，动身前往坎佩切。

在当地恐龙救助中心，我见到了那只狭翼鱼龙，它被安置在一个巨大的玻璃水箱中，嘴巴微张，眼神涣散。在场的还有来自全球各地的恐龙专家和生物医学家，十几个人组成了一个救援团队。在此之前，他们通过检测初步断定，这只狭翼鱼龙体内充满大量异物，导致它肺部堵塞，无法正常呼吸。这时它体内的小宝宝还没诞生，即使将卵取出，也没有足够的条件完成孵化，所以，如果这次救援失败，也就意味着狭翼鱼龙在地球上永远消失了！

狭翼鱼龙

　　狭翼鱼龙并不是用鳃呼吸的，而是像人类一样用肺呼吸。它的肺部与头部相连，下面连接胃，后面连接肠道。因此，我们决定将一个微型探测仪从它的口腔探入肺部，找到堵塞物，确认范围后开刀将其取出，优先恢复这只狭翼鱼龙的自主呼吸。可是，探测器进入没多久就停滞不前，电脑屏幕上显示出密密麻麻的透明物质，牢牢困住了探测器。

　　"不是我危言耸听，堵塞物可能不是一小块。"我指着电脑屏幕，跟救援团队说，"现在探测器刚过食道，停在肺部前端，从回传图片的阴影面积来看，堵塞物可能充满了整个肺部，甚至还延伸到胃和肠道里了。"

　　"难道是吃了什么大型生物？像巨型水母？"一位生物学家发问。

"不可能，它们在海里生活上亿年了，见过的生物比我们认识的都多，知道什么能吃什么不能吃。"恐龙专家反驳说。

"开刀吧，我今天倒要见识见识它体内的庞然大物到底是什么。"另一位恐龙专家提议。

眼看这只狭翼鱼龙的呼吸越来越微弱，尽管开刀的风险极大，我也只能同意他的提议。我们用支架将它从头到尾固定住，将一支氧气输送管插入它的口中，切开肺部下侧的皮肤。当它的肺部暴露出来的一瞬间，在场的所有人都惊呆了。它体内的透明物质并不是什么庞然大物，而是线状、颗粒状和硬币般大小的塑料制品，毫不夸张地说，它的肺简直成了一个可回收物垃圾桶，其中还夹杂着没嚼碎的鱼类和贝类。

我和另一位医生立即动手处理这些可回收垃圾，用镊子一个个将它们清出体内。狭翼鱼龙的内脏构造复杂，我们尽可能小心操作，不对临近的器官造成伤害，整整两个小时，才清理完肺部。

"现在可以缝合了吧？"助理医师问我。

"等等，让探测器再走一遍，看看其他部位的情况。"

正如我所料，探测器通过肺部后进入胃部，在胃中段停下来，电脑屏幕上再一次出现了密密麻麻的透明物质。我倒吸一口冷气，向救援团队说出了最坏的情况："胃、肠道，还有那些没有孵化的卵周围，都存在大量堵塞物，大家做好准备，今天无论如何必须都清理出来。"

说完，又有几位医生加入到手术队伍中，我们将狭翼鱼龙的腹部完全切开，分工进行清理工作。肠道周围的作业异常艰难，既要保证与之相邻的鱼龙卵不受影响，也要避免手术工具割破器官组织，造成大出血。与此同时，救援团队的其他成员紧盯监测仪，实时报告它的呼吸、血氧、体温等参数。

整个清理及缝合过程长达11个小时。手术完成后，我们瘫坐在地，没有人说话，没有人喊饿，也没有人走出救助中心。我们在那里坐了一夜，祈盼这只狭翼鱼龙可以挺过难关，毕竟它是海洋里的"大美人"，它和它肚子里的孩子是间的珍宝，如果能够活下来，再没有人敢伤害它们了。

第二天，奇迹没有发生，狭翼鱼龙母子俱亡。

鱼龙不可能挺过这么长时间的手术——哪怕之前有过心理准备，大家一时间也无法接受这惨烈的事实。它停止呼吸的那一刻，痛苦、自责、愤怒的情绪在这间救助中心里交织，有人默默抽泣，有人放声大哭，有人破口大骂。当时，全世界都在通过网络关注这场救援，对人类来说，那是黑暗的一天。他们在为这只狭翼鱼龙和它的孩子惋惜之余，纷纷上街游行，他们抗议无良的捕捞者和采矿机构，也诅咒我们这些无能的医生。他们似乎也认识到了保护海洋的重要性，个个发表长篇大论，高喊环保口号。

当然，人类是健忘的。口号喊了没几天就消停了，大家很快将注意力放到其他事上。第二年，墨西哥湾发生严重的石油泄漏事故，污染持续数月，这场灭顶之灾导致生态破坏和大量海洋生物死亡。后来我想，就算当时狭翼鱼龙挺过了那道鬼门关，也难逃下一场劫难吧。

第 2 章

恐龙 + 人工智能

2017 年开始，我多次感觉到自己身处在一个不同平行宇宙交织的时代，未来与过去、科技与传统、现实与流量，这些东西往往会在同一时间涌进我的身体，相互拉扯又彼此妥协。人工智能是这个时代的新秀，我对它的感觉同样充满矛盾。我赞美它在现阶段为人类带来的生产力和幸福感，但又害怕它将完全取代人类劳动力甚至是人类本身。

　　"把仓库里的 20 个箱子搬到门口，这个工作由谁来做比较好？"当人类与人工智能产生这样的对话时，站在一旁的阿根廷龙点了点头，似乎说了句"你们让开，我来"。不得不承认，有些情况下恐龙可比人类强多了。它们能在极端环境下长时间户外作业，面对风吹日晒毫无怨言；它们漠视职场的尔虞我诈，永远扮演后宫中话不多又勤劳的宫女角色；它们不用睡足 8 小时，没有脱发和过劳肥的困扰，也不用花很长时间去想明天上班穿什么。跟人工智能相比，恐龙也有极大的优势。它们不需要公司投入巨额的研发费用，也不怕下雨天脑子进水没法运转，它们可以自己

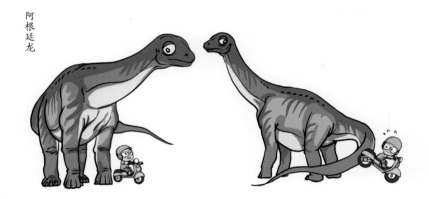

阿根廷龙

吸收能量，独立生存。

　　有的恐龙自带可爱光环，可以作为宠物被人类供养；有的恐龙生来稀有，可以作为国宝被人类保护一辈子；还有很多恐龙"出身一般，家境贫寒"，需要为人类社会做出贡献，靠自己的努力丰衣足食。从恐龙医院辞职后，我开始帮助后者寻求就业机会，为需要恐龙员工的企业出谋划策，同时也为恐龙争取完善的权益保障和福利政策。随着恐龙就业率逐年升高，人工智能的应用与恐龙员工相互辅助，很多非传统行业的人类工作被取代，甚至有人顺应时代发展摸索出了与恐龙相关的新型产业。

　　与人工智能时代相比，恐龙的加入不仅给人类的生活和工作方式带来了变革，也让整个社会结构，甚至我们的价值观都发生了变化。

2.1

滴滴打龙正式运行

　　周一早上10点，北京二环主路，我被夹裹在几辆车中间以半小时500米的速度向前蠕动。在我前面的是一位车技娴熟的老先生，他边打电话边开车，5门5座越野车横跨三分之二道路横截面，前进时车速"高"达每小时30千米。紧挨着老先生座驾的是一辆小型新能源车，忽左忽右，欲行又止，车主表情严肃，汗流双颊，车身后窗贴着一只Hello Kitty卡通猫，娇嗔地说着"新手上路，擅长急刹"。

　　此时，我距离目的地仍有10千米，眼看跟人约定见面的时间要到了，我不得不拿出大喇叭冲他们喊："前面二位能稍微提个速吗？或者让条小道容我先过去？"只见越野车里的老先生放下手机，探出头说："急什么急？有本事你跳过去啊！"

　　我觉得他说得有道理，于是拉了把手中的缰绳，从他头顶一

似鸵龙

跃而过。老先生露出既羡慕又不服气的表情，淡淡地说："嘿，这恐龙还挺牛。"

我"驾驶"的是一只似鸵龙，谈不上有多牛，跑得快倒是真的。要不是赶时间，我绝不会让它这样跳跃过去，因为这会消耗很多体力。《驾驶手册》中也有明确规定：似鸵龙单次行驶里程不得超过20千米，单次驾驶过程中大跳跃不得超过3次。

这条规定是我和滴滴打龙公司的运营部共同制定的。在此之前，公司老板跟我说想引进一种奔跑速度快的恐龙，作为共享交通工具专门用于高峰期的出行，目标用户是爱睡懒觉的上班族。

一开始我推荐的是北山龙，它们体长约8米，两条大长腿跑起来极快，强悍的体格让它们可以在狭窄的空间内穿梭自如，尤其适合在高速公路上行驶。而这种恐龙大量分布在中国甘肃，收购门槛低，价格也实惠。作为内测产品，几只北山龙在滴滴打龙公

北山龙

司接受了为期3个月的训练，内容包括安全行驶、速度调控、服务礼仪与客户隐私保护等。速度不是问题，早高峰期间从东直门到中关村的路程，驾驶北山龙10分钟就可以到达。但问题是它们不可控，让它们往东它们却偏偏要往西，让它们停下来它们却偏偏要加速，完全不听驾驶员指挥。

"可能是因为它们太聪明了。"我看完驾驶监控后跟公司老板说，"它们的大脑在恐龙中算大型的，感官也非常发达，这种恐龙智商高，比较自我，所以不那么听话。"

"不听话还好说，关键问题是它们太大了，而且需要吃精细的牧草，还吃得多。光这几个家伙每天就要吃一货柜的草，以后我们公司要大量引进的话，可养不起啊！"公司老板向我抱怨。

"要跑得快、体格小、吃得少，还要身体健硕能长时间载人。嗯……还不能太聪明。"我掐指一数，符合他们要求的恐龙只有一种——来自加拿大的似鸵龙。

似鸵龙

　　跟北山龙一样，似鸵龙也有两条大长腿，是天生的奔跑健将，但只有4.5米长。从名字可以看出，这种恐龙长得有点儿像鸵鸟，长脖子、长有鸟嘴的脑袋和强劲有力的后腿都与鸵鸟十分相似，它的奔跑速度可达每小时70千米。它连食物喜好都与鸵鸟十分相似，以嫩草、果实和小型水产物为主。不同的是，似鸵龙有一条两米多长的尾巴，占了整个身体的近一半，全身长有华丽的羽毛，温暖而柔软。它们虽然长了一双大眼睛，拥有全方位的视野，但总是愣头愣脑的，看上去不是很聪明的样子——事实上，它们的确也不怎么聪明。

　　得知似鸵龙有望成为新产品后，滴滴打龙公司的老板如释重负。为了吸引投资，他早早放出消息，说要成为国内第一家引进恐龙的企业，光凭这一点就吸引了投资人的浓厚兴趣，他们纷纷抛来橄榄枝。为了让似鸵龙早日就业，我也加入到培训队伍中，除了常规训练和行驶规则制定，针对它们两米多的大尾巴也做了多次测试和调整，尽可能防止在密集的车流中发生追尾事故。

滴滴打龙上线初期，公司投放了100只似鸵龙进行小规模测试。与我们预想的不同，追尾、超速等事故的发生率几乎为零，大部分问题出在恐龙停放上。通过手机App，用户能在距离最近的停放点找到共享似鸵龙，通过扫描二维码完成支付，解开它脖子上的电子锁就可以驾驶上路了。但是，很多用户在使用完成后不把它们停放在指定地点，而是随意扔在路边或商务楼下，造成大量似鸵龙丢失和受伤，有的甚至因跑到马路中间撞上来往车辆而丧命。这些都是早年共享单车给人们惯出的坏毛病！

为了尽可能避免上述情况发生，我们为每只似鸵龙都配置了定位系统。用户在驾驶完成后点击App中的"结束行程"按钮，一旦系统监测到他驾驶的似鸵龙没有被放对地方，就会发出警报并第一时间通过App告知用户：亲，请把它带去距离你200米的滴滴打龙指定停放点，不然会扣押金哦。这种方式在一定程度上约束了用户，同时保护了工作中的似鸵龙。然而也有人屡教不改，宁可扣押金也不想遵守规则，对待活生生的恐龙如同对待自行车，不顾它们的死活。对于这类用户，滴滴打龙是一点儿办法都没有，只能将他们拉进黑名单。在实名制注册的规则下，这些人将终生无法使用滴滴打龙公司的任何产品。

当然也有我们实在无能为力的情况，就是用户在人行道上驾驶似鸵龙。虽然共享似鸵龙被归为非机动车，但它们毕竟是身长近5米的大家伙，如果走上人行道，行人的处境就会很尴尬。并不宽敞的道路有一半让给了停在路边的汽车，留下3米宽的人行道，左边是停放得四仰八叉的共享单车，右边是甩着尾巴的共享恐龙，行人连落脚的地方都没有。而且行驶中的似鸵龙是有一定速度的，即便小心前行也不免会蹭到旁边的小朋友或小宠物，更何况，很多人依然保持骑自行车时的"良好"习惯，一手握着把手一手拿着手机，眼里没有路，只有让人眼花缭乱的虚拟世界。就像宣传骑车不要玩手机一样，滴滴打龙公司一遍遍地强调规则，告诫用户不要把似鸵龙开上人行道。当然，这种告诫起不了多大作用，后期只能通过监控设备捕捉违规驾驶的情况，抓到就罚款2 000元人民币。

除了完善规则，共享恐龙的App和设备也不断迭代更新。运营初期，似鸵龙本身不具自主导航的能力，只能靠用户来主导方向和路线。在北京这样的城市，一些方向感不好也不怎么会使用导航的人经常走错路，在高速路上转了一圈又一圈就是找不到出口，最后只能和恐龙一起哭着找"妈妈"（平台）。后来，滴滴打龙公司在似鸵龙身上安装了导航设备，它们可以通过设备上发出的特殊声音辨识路线和方向，用户驾驶前只要在应用程序中输入目的地，就可以享受"飞速人生"了。

滴滴打龙的App中还增加了评分机制，针对似鸵龙的服务态度、到达速度等指标对它们进行打分，分数低的要拉回去重新培训才能上岗。分数高的会有额外奖励，比如更好的住宿条件和更丰富的饮食配置。用户还可以通过App反馈它们的健康状况，便于公司发现状态不好的似鸵龙，及时派工作人员进行检查。经常使用共享恐龙的人还会随身携带一些小苹果，有些似鸵龙因为长时间行驶导致体力下降，这时只要喂它吃点儿东西，休息一会儿就可以正常工作了。

　　体力不支、容易走丢、占用人行道、仅凭声音导航……纵使共享恐龙有种种缺陷，但在交通拥堵的都市里，人们仍然倾向于使用它们通勤。以北京为例，早高峰期间从东直门到中关村，开车至少要40分钟，骑共享单车需要一个多小时，还累得半死，驾驶似鸵龙只需要15分钟。节省下来的时间可以吃顿早餐，练练

似鸵龙

瑜伽健健身，或者睡个回笼觉，这对上班族来说是再幸福不过的事儿了。另外，共享恐龙更加环保，不用加油不用充电，它们排出的粪便还有助于有机营养物质在地球上的扩散，滋养土壤和植物。如果似鸵龙早几年投入使用，估计新能源汽车就得靠边站了。

似鸵龙的优势不仅被上班族看在眼里，也获得了很多城市管理者的青睐，他们加强了对共享恐龙企业的扶持力度，增设似鸵龙停放点，还开辟了恐龙专用道。恐龙专用道不仅用于共享似鸵龙，也用于人们自己饲养的可作为交通工具的小型植食性恐龙，尤其是似鸟龙类，它们虽然不如似鸵龙那么能跑，但作为短途座驾却是绰绰有余的。

跟汽车一样，人类对恐龙座驾的需求不仅限于出行，有时也用来标识自己的身份和喜好。

似鸡龙

据2020年恐龙座驾销量排行榜显示，月收入2万元人民币的年轻女性喜欢购买似鸡龙。它们和近亲似鸵龙的骨骼结构极度类似，不过数量要少得多，价格昂贵，总体性价比不高。但它们相貌秀美，身体覆盖着一层毛茸茸的绿色短毛，时尚而不张扬，彰显出主人特立独行的生活态度。

与此相对，相貌平庸的弯龙则受到了一大批男性消费者的青睐。它们有点儿像马，身体狭长，四肢纤细，看上去平淡无奇，但这种恐龙好打理，不用经常洗澡和美容，且体力充沛、头脑灵活，月供只要999元。

家境殷实的企业老板更愿意驾驶板龙。从外表看，它们略显低调，唯有大理石般光滑的皮肤透露出强大气场。与其他小型恐龙座驾相比，板龙是唯一可以乘坐3人的恐龙，拥有兼顾灵活性与实用性的大空间，搭载最新科技顶配外骨骼，动力十足，适用于城市、野外等多种驾驶场景。不过它动辄百万人民币的售价也让

弯龙

很多人望而却步。

　　有钱老板的儿子则不玩低调，他们更喜欢外表张扬的似鸟龙。这种恐龙个头高且苗条，眼睛大而有神，身披色泽光鲜的长羽大衣，头戴做工考究的森女系花环。从奔跑速度上来看，似鸟龙是唯一能与似鸵龙一较高下的，但它们的数量稀少，生性娇贵不好饲养，需要像公主一样被细心呵护。

　　随着共享似鸵龙和私有恐龙座驾需求的提升，汽车销量大幅下降，随之而来的是人类司机的失业潮。他们有的转行，被迫学习新的技能实现再就业，还有的干脆加入了恐龙服务行业，为恐龙洗澡、提供养护、生产食物。还有人发现似鸵龙喜欢吃水草和

板龙

小虾，便开办了大型养殖场，成为滴滴打龙公司的指定供应商。

　　除了传统行业，资本更看好高科技与恐龙座驾的结合应用，这里成了一块肥沃的试验田，冒险家对其寄予厚望，疯狂地占领这片蓝海。

似鸟龙

2.2

解决外卖难题的帕克氏龙

晚上9点，刚刚结束会议的杜小杜瘫坐在办公桌前，这是她连续加班的第五天，除了一杯咖啡和几片黄油吐司，整整一天她没工夫吃任何东西。高压之后的突然松弛让杜小杜的身体产生反应，她饿了，饿到能吃下一头牛。她打开外卖App，决定在公司吃一顿像样的饭，然后回家睡觉。此时，一条消息弹出来：预计当晚9—11时，北京将有大到暴雨。

"天将降大任于是人也，必先苦其心智，劳其筋骨，饿其体肤……"

杜小杜一边嘟囔着一边穿上大衣，以最快的速度跑出办公楼，打车回家。刚进家门，外面大雨倾盆，在她庆幸没有淋到雨的同时，饥饿感犹如洪水猛兽般撕咬着她的整个身体。她再次打开外卖App，寻求救赎。

生活在北京的打工族比谁都了解，恶劣天气的外卖送达时间不容乐观，更别提这种暴雨天了。几乎没有外卖员接单，商家也纷纷停止了外送服务。就在杜小杜几近绝望的时候，她猛然看到一个卖鸡汤的店铺，距离6千米，预计送达时间10分钟。

"10分钟送到！还迟到必赔？我可能饿出幻觉了。"理智告诉她这是系统出了错误，身体却不由自主地完成了付款下单。点完外卖的杜小杜窝在沙发上昏昏欲睡，很快进入了梦境。

"咚咚咚！"

屋外传来几声异响，她以为外卖到了，跑去开门却发现门外空无一人。

"咚咚咚！"

同样的敲击声再次传来，杜小杜循着声音望向客厅的窗户，一个外形像巨型鸟兽的家伙正撅着屁股站在窗台上，两眼直勾勾地盯着她。

"快醒醒，怪兽要来吃你了！"杜小杜跟自己说，她使劲儿掐了掐自己的脸，试图从梦境中醒来。那只"怪兽"用一只前肢继续敲打窗户，第三次发出响声时，她才知道，这不是梦。

杜小杜有些害怕，蹑手蹑脚地走到窗前，想一探究竟。借着微弱的光亮，她看到那只"怪兽"身披白色的坚硬羽毛，颈部至腹部被灰褐色的短绒毛覆盖。它的眼睛像鹦鹉，发出橙色的微光；嘴巴像鸭子，看上去有些干瘪；尾巴细而修长，四爪锐不可当。

在时尚行业从业多年的杜小杜被如此奇异的外形深深吸引，她正要举起手机拍照，又收到一条消息：您的外送员帕克氏龙170号已完成服务，感谢您对快龙跑腿的信任，期待再次合作。

杜小杜这才注意到"怪兽"背上有个防潮盒，它的脖子前环绕了一条安全绳，将盒体固定在了背部。她打开窗户让"怪兽"的大半个身子进到室内，解开绳子上的安全扣，取下防潮盒，里面装的正是她点的鸡汤，还散发着刚出锅时的热气。防潮盒上印着"快龙跑腿"的商标，图案与眼前这只"怪兽"一模一样。杜小杜暗自琢磨：这家伙难道是一只恐龙，一只专门在恶劣天气送外卖的恐龙？

此时手机铃声响起，电话那头是鸡汤店的服务员。"是杜小姐吧？请问您的外卖送到了吗？"

帕
克
氏
龙

"刚收到，送外卖的是一只恐……龙？"

"哈哈，是帕克氏龙。我们从系统上看到它是从窗户进入的，担心没有送到。"

"对！它现在就在我家窗台上！大半夜的为什么要站在那儿吓人呢！"

"实在抱歉，系统显示它在您家楼下按了门禁，过了很久才跳上窗台。估计是因为门禁没开，它才选择了其他送达路径。"

"哦对，门禁坏了。它怎么知道哪扇窗户是我家的呢？"

"具体我们也不清楚，据说快龙跑腿开发的导航系统很智能，如果是低层住宅，帕克氏龙可能会选择将东西放在窗口处，节省时间。不过您不用担心，它们经过严格训练，胆子也小，不会做出攻击、破坏和盗窃行为的。"

"那我就放心了。不过，它现在半个身子已经进屋了，好像没有要走的意思。"

"您是不是取下防潮盒了？"

"对呀！"

"那您只要把防潮盒放回到它的背上，按原来的样子将绳上的安全扣扣好，它就会走了。"

"哈？这么聪明吗？"

"准确说应该是智能。如果您对它的服务满意，还可以打赏哦！这么晚就不打扰您休息了，祝您用餐愉快！"

还没等杜小杜问清楚如何打赏，对方就挂了电话。那只帕克氏龙仍然撅着屁股站在原地，嘴里发出"嘤嘤嘤"的声音，好像在说：磨叽什么呢，赶紧扣好安全绳放我走！

杜小杜却并不着急，从浴室拿出一条毛巾，轻轻擦拭它身上的雨水。她再次观察了这只帕克氏龙，它拥有几近完美的身材比例：长短适中的脖子、小巧的头部，短而强壮的前肢和长而有力的后肢支撑起了 2.5 米长的身体，看上去是个聪明而稳健的家伙。可能是因为后腿比前腿长得多，所以它看起来总像是撅着屁股，倒也显得憨厚可爱。

或许这只帕克氏龙很少遇到如此温柔的客户，它小心翼翼地将脑袋靠近杜小杜，眯起眼睛，一副娇羞的模样。杜小杜反应过来，它这是在求打赏呢。

杜小杜再次打开外卖 App，翻看订单记录，页面下方有行说明：送餐员帕克氏龙是吃素的，切勿投喂生肉、海鲜及膨化食品。如要打赏，以苹果、芦荟、豆芽为佳。杜小杜立刻转身冲向厨房，从冰箱里拿出一颗苹果递给帕克氏龙。见到苹果，帕克氏龙的吃货本性立马显现，它将苹果整颗吞下，核都没吐。"这么好吃的苹果你得嚼两口吧，太浪费了。"杜小杜抱怨着，又拿出一颗苹果。随后，她将防潮盒放回恐龙背上，扣好安全绳，帕克氏龙转身走向窗口，跳下去跑走了。

接受帕克氏龙外送服务的不只有杜小杜，它们的出现让生活在大城市的众多上班族吃上了热腾腾的外卖。帕克氏龙不惧怕极端天气，不担心糟糕路况，不仅能灵活穿行、上下楼梯，还能轻松地跳上低层建筑的窗台，距离10千米内的送餐服务都能在15分钟内完成。与人工送外卖相比，帕克氏龙的成本更低，平均一单的外送费用不超过3元人民币。它们生性聪明，在快龙跑腿的智能系统协助下，它们能轻松到达目的地，人们不用再拿着电话跟外卖员解释："往西100米右转，左手边的小区；我家是20楼，不是19楼；出了电梯直走第三个门，贴对联的是我家……"

与此同时，快龙跑腿还开发了同城快递、紧急取件等业务，大大提高了人们的生活和工作效率。他们还与医院合作，用帕克氏龙运送必须紧急送达的血液和器官，帮助无数命悬一线的病人死里逃生。凭借帕克氏龙，快龙跑腿收获了金钱和声望，也为帕克氏龙提供了应有的福利和保障。据我所知，快龙跑腿是极少数为恐龙员工提供五险一金的企业，包括医疗险、工伤险、生育险、养老险、虐待险和生活公积金。它们拥有全国最大的员工宿舍，那里有各种各样的矮小植物和新鲜果实，空气清新，温暖湿润，简直像是一个白垩纪的恐龙乐园。很多其他种类的恐龙慕名而来，想成为快龙跑腿的一员，都因为综合能力不过关而被拒之门外。

上面提到的五险一金中，虐待险是近几年才加上的。尽管大部分人像杜小杜一样，对生活在人类社会的恐龙温柔以待，但难免出现异类。当虐狗、虐猫已经无法满足他们的欲望时，这些人将魔爪伸向了随处可见的帕克氏龙。

3年前，我接到快龙跑腿人力资源经理的电话，请我前往诊治一只受伤的帕克氏龙。那是一只刚满3岁的小恐龙，工作没多久就在送餐期间被人用剪刀戳伤了眼睛，左后肢一个脚趾被剪断，身上还有几道被利器划破的伤痕。对于恐龙来说，这种程度的伤势不会致命，治疗后休养小半年就可以痊愈。但是，瞎了一只眼睛，断了一根脚趾，视力、奔跑、弹跳能力都受到损伤，加之心理创伤，它很难再从事跑腿工作了。

快龙跑腿的老板气得浑身发抖，他无法容忍自己的员工被如此虐待。将不法之徒告上法庭后，他当即决定为恐龙员工增加虐待险，不幸遭受过虐待的恐龙可以继续生活在员工宿舍，享受免费的医疗和心理辅导，无论它能否继续合作，哪怕一辈子无法工作，都会得到公司的终身呵护。遗憾的是，虐待帕克氏龙的那个人仅仅被罚了几千元人民币，关了几天后就被释放了。我们不敢想象他会不会出于报复心理，做出更加疯狂的事情，也无法保证世界上不会有他的同类，利用科技的便捷满足变态的心理。

"我们把那个人拉进黑名单了，他一辈子都用不了我们的产品。"快龙跑腿的老板告诉我，"这几天我也在跟其他雇用恐龙员工的互联网企业沟通，看能不能对这类人全网通禁，免得再生祸害。"

"其他公司怎么说？"我问。

"大部分还是愿意配合的，但无论再怎么防范，我们都没法保证新的虐待事件不会出现。"

　　是啊，恐龙和其他动物一样，难逃来自人类的威胁，当它们自身以及同类遭遇不测，两次、三次，长此以往，它们还愿意像现在这样为人类提供服务，与我们和谐共处吗？我说不好。只希望在我们生活的这个世界里，不要发生像电影《猩球崛起》中那样的事，毕竟相比其他物种，世界由人类主宰也许还是更美好一些。

帕
克
氏
龙

2.3

圣迭戈救生员

　　下午1点30分，圣迭戈北部的潜水公园，3只薄片龙正在进行负重游泳训练。教练将150千克重的沙袋置于巨型泳池中，要求其中一只薄片龙用脖子将沙袋平稳托起，另两只则以接力的形式将沙袋运送到救生艇上，整个过程用时不得超过2分钟。这是薄片龙日常训练的一部分，它们将在两个月后接受考核，合格者入住潜水公园，成为圣迭戈海洋世界的救生员。

　　用脖子将沙袋平稳托起，不得发生剧烈晃动或使沙袋掉落，这对薄片龙来说并不难。因为8米长的脖子几乎占了它们身体长度的二分之一，它们颈部的脊椎骨超过70节，拥有强大的支撑力。如果人类在潜水过程中发生危险，比如缺氧、失去意识或身体卡在礁石中，薄片龙都能够迅速地营救他们。同时，由于它们的颈部非常僵硬，无法大幅度扭动或弯曲，它们反而拥有了出色的平

薄片龙

衡性，可以避免伤员运送过程中出现碰撞、倾覆等意外发生，不会造成二次伤害，成为深海中的救援能手。

但是，薄片龙的脖子是把双刃剑，虽然可以在狭窄、复杂的环境中救出遇险者，但太长的脖子也导致行动缓慢。因此，想成为一名合格的救生员，游泳是必不可少的训练项目。

在这个项目之前，这三只薄片龙已经游了一个上午，从早上8点到中午12点，整整4个小时不吃不喝玩命训练，铆足劲儿拼尽全力，却怎么也达不到教练要求的速度。疲惫与饥饿感向它们交织袭来，教练却视而不见，一遍遍吹着哨子，在旁围观的同类则好像在嘲笑它们：瞧瞧这三个娇生惯养的废物，肚子吃得那么圆，能游起来才怪呢！

来自同类的羞辱就像一团火，彻底激怒了这三只薄片龙。年龄最小的那只薄片龙用短小而粗壮的前鳍肢拍打着海水，一脸不开心地说："我不干了，我要回家！"

家？你们哪里来的家？

一个月前，这三只薄片龙还在奥克兰过着贵族般的生活，被一个爱穿黑色T恤、戴金项链的男人供养。打它们出生那刻起，那个男人就给予了它们富足的生活。它们生活在一片私人海域，那里有奇妙的海洋生物和数不清的鱼类，只要张开嘴，小鱼小虾就会涌进它们的肚子，如果不是得用牙齿咀嚼，它们恨不得连睡觉的时候都在吃饭。有专业的饲养员、营养师和美容师，分别负责海域环境治理、它们的膳食计划和身体护理，给予它们从内到外的关照，周到而奢侈。它们甚至什么都不做就能得到主人的宠溺和赞美，如果不是物种差异，它们一度怀疑那个男人就是它们的亲生父亲。而那人并不在意这个，每每有客人来访，他都会指着那片海域炫耀说："看我三个儿子正在里面玩耍呢，是不是很威风！"久而久之，三只薄片龙被生活滋养得忘了形。它们原本喜欢高纬度的冷水，现在却越来越享受加州的阳光；它们的牙齿原本尖锐，现在却因为送上门的吃也吃不完的食物变得迟钝；它们的身体原本很薄，并因此得名薄片龙，现在却把自己吃成了圆滚滚的肥胖龙。原本它们可以就这样安度一生，却没想到它们的"父亲"竟然是个走私犯，前不久被关进了监狱。

那个男人因为非法走私被判40年监禁，家产该没收的没收，该拍卖的拍卖，唯独这三只薄片龙该如何处置让人苦恼。它们早前生活的海域如同一座公主城堡，海底有防护设施，可以阻止沧龙等凶猛的海洋爬行类动物进入，薄片龙在那片海洋中作威作福，浑然不知外面的世界有多危险。如果将它们放回公共海域，它们即使不被其他生物吃掉，也会因为没有捕食能力而饿死。愿意收养它们的人没有足够的经济条件，毕竟它们此前的生活太过奢华，令人望而却步。就在这个尴尬时刻，圣迭戈的政府部门伸出援手，愿意在当地的潜水公园饲养它们，前提是它们必须工作，通过训练成为救生员。

圣迭戈潜水公园的海域辽阔，海水清澈，作为生态保护区，这里还拥有丰富的鱼类和成群的海豹、虎斑鲨。此外，依托洋流垂直疯长的巨藻形成天然屏障，被称为"巨藻森林"。这里是潜水爱好者的天堂。早先，很多试图寻找即将灭绝的海洋生物而独自深入海底的潜水者发生了意外。尤其是那些被礁石卡住或被海藻缠绕的潜水者，他们的理智往往被恐惧吞噬，只会下意识地拼命挣扎，令救生员无从下手，有时因为救生员的力量和技术不够，潜水者会遭受二次伤害，很多潜水者下去后再也没有上来。直到潜水公园聘请薄片龙担任救生员，深海潜水爱好者的安全问题才逐渐好转，人类得以继续探索这片大海。

但是，不是所有的薄片龙都有资格成为救生员。

"我们只招野生薄片龙，家养的就别投简历了。"潜水公园的教练如是说。在他看来，野生薄片龙从小就凭借自己的能力闯荡大自然，经历过大风大浪，见识过海底动荡，跟鲨鱼抢过食，跟沧龙打过架，只要给它们一点点甜头，它们就会臣服于饲养者，忠诚待命。"家养的就不行了，就说面前这三个家伙吧，从小吃'山珍海味'，能不嫌弃我们这儿的伙食？从小被人惯着伺候着，能不给我脸色看？我还指望它们能好好工作？"

一通抱怨并没有改变什么，圣选戈政府坚持让这三只薄片龙在潜水公园接受训练，谋求职位。他们认为企业招聘员工应该一视同仁，不能有地域、性别、种族歧视，同样，对野生和家养做出区分也是万万要不得的。"富养的龙并不差，说不定某些方面还比野生的强点儿，比如会看眼色！"一位政府官员摸了摸那只年龄最小的薄片龙，说，"听话，别闹了，这里就是你们的家。"

自从失去"父亲"，搬离公主城堡，这三只薄片龙就再也没有得到过如此贴心的安慰，简单两句话，就让它们捡回了一点点信心和尊严，尤其是那句"听话"，是"父亲"经常对它们说的。虽说由奢入俭难，但这里的条件也不差，依山傍水，还有很多以前没见过的东西。食物嘛，也还是勉强可以入口的。气头过后，它们自我安慰道："只要能成为救生员，那些嘲笑我们的同类自然会改变态度，至于那位教练，当他看到我们的真正实力后就不会继续为难我们了吧？"

跟薄片龙担心的一样，在之后的训练中，教练始终没有好脸色，而且特别严厉，动不动就说："走吧，你们真不是当救生员的料。"除了成绩，薄片龙不知如何展示自己真正的实力，始终憋着一口气，好像有块大石头压在心头，堵得慌！直到有一天，其中一只薄片龙发现了一个沉在海底的人。

可能是太想证明自己了，它在发现那个人时，并没有第一时间向专业救生员发出信号，而是叫来另外两个伙伴，试图将这个人送上岸。对，不需要其他人帮忙，我们就是救生员——它们怀着这样的决心将那个已经没有呼吸的人拖到其中一只恐龙的背上，并以最快的速度向岸边游去。当时夜已深，周围没有人，医生们早早躺在救助站的床上打起了呼噜。

游到救助站附近的岸点，一只薄片龙伸长脖子，用脑袋拼命敲击救援铃，另外两只则发出"嘤嘤嘤"的哀鸣，声音响彻整片海滩。很快，工作人员被这个特定的铃声惊醒，与医生一起赶往事发地。他们远远看到三只薄片龙浮在海面，举起两只前鳍肢，其中一只的背上还背着个人。

"快，那是紧急求救的姿势！"工作人员说。

"看到了，什么人大半夜潜水，疯了吗？"医生跟跟跄跄地跑在后面，半睡半醒的，憋着一肚子的起床气。

等不及其他救援人员赶到，医生已经跑到薄片龙身边，用手去触探那个人的呼吸，海水一波一波拍打着他的小腿，冰凉的触感正如他触碰到的那个身体。

"不妙，已经凉透了！"

"太遗憾了，薄片龙可是用最快的速度把他带上岸的啊！"

"救护车马上到，希望还来得及。"

"还好这三个家伙在，不然……"

"嘿嘿，这对救生员薄片龙是小菜一碟啦！"另一个医生说。

"等一下，他的皮肤怎么跟正常人的不一样？触感怪怪的？拜托来个人去把探照灯打开！"

"奇怪了，骨骼也不对劲。快开灯！"

"开了开了。"

"让我看看他的……"

"什么情况？"

"今天是4月1日吗？大半夜这样整我！有意思吗？"

"哈哈哈哈，太搞笑了，这绝对是我这辈子遇见的最搞笑的事情！"

此时，闻风赶来的工作人员笑成一团，其他几个医生抬着担架愣在原地，救护车在不远处打着双闪，潜水乐园的负责人双臂抱于胸前，邪魅地笑着。

"你们笑什么呀？怎么还都愣着？快救人呀！"见状，薄片龙们摸不着头脑，心里干着急。

"行了，行了，大家都散了吧，回去睡觉。"工作人员和医生收起救援装备，气呼呼地往回走。

原来，它们救的这个"人"并不是真正的人，而是它们平时训练用的人体模型。与其他生活在海洋的恐龙一样，薄片龙拥有强大的夜视能力，特殊的眼睛结构让它们能看到立体图形。为了加强它们对人体的认知，学习在救援过程中如何处理各种复杂的状况，训练使用的模型与真人无异。

这起乌龙事件并不是偶然。潜水公园负责人故意不回收人体模型，利用家养薄片龙缺乏经验和急功近利的心态，制造了一次混乱。从一开始，他就不想接收政府硬塞过来的这三只恐龙，想尽一切办法让它们"走人"。所幸，前来救援的医生心肠好，没有向上级投诉。

这三个傻头傻脑的家伙还不知道自己被陷害了，在接下来的时间里，反而付出了比同类多出几倍的精力和时间进行训练。60秒内救出被巨藻缠绕的人体模型，其间不能发生碰撞，它们只用了51秒；150秒内将人体模型运送到2千米外的救生艇上，不能掉落，它们只用了120秒。或许是因为从小被善待，它们对人类的温顺和耐心也比同类更胜一筹，在训练过程中表现得沉着理智，从不会因为赶时间而对人体模型造成伤害。

此时，距离救生员考核还剩两周时间，来自富裕人家的薄片龙信心爆棚，它们恨不得马上就考核，让那些曾经嘲笑、刁难自己的同类和人对它们刮目相看。考核以比赛的形式进行，所有薄片龙都会参与进来，角逐冠军。对于薄片龙来说，每年一度的考核是"龙"生转折点，合格者成为潜水公园的救生员，享受高薪待遇；失败者被放回公海，继续过苦日子；而冠军可以头戴王冠，入住1号宿舍，那是全加州最豪华的海底家园。

两周后，考核之日到来。那天是圣迭戈的大日子，整个潜水公园的游客和当地居民都赶来见证冠军的诞生，市长和其他一些政府官员也亲临现场。与训练时一样，三只薄片龙发挥出色，解救和运送伤员的速度远超同类，整个过程安全平稳，连伤员的一根头发都没伤到。就在比赛进行到最后一项，薄片龙眼见胜利在望时，却发生了意外。

不远处，一个10岁左右的孩子在海里时隐时现，虽然身上有救生圈，但他不停挣扎，面色惨白。当时，三只薄片龙正用身体拖着救生气垫向终点冲刺，其中一只在转弯时看到了那个孩子，在距离终点反方向的5.5千米处。它停下来，睁大眼睛看了又看，以往的训练经历像幻灯片一样在它脑海中一页一页闪过，画面定格，出现了与那个孩子状况一样的图片——溺水。它不确定，心里想：嘿，那里好像有个小孩溺水了。然后它赶紧摇着脑袋通知另外两个同伴。

另两只薄片龙瞬间停住，转身朝后看去，确实看见了一个孩子。

这次它们迟疑了，该不会又是假人吧？可假人不会动呀，那个孩子的手在救生圈外晃悠呢？可万一是会动的假人呢？

就在它们的大脑还在怀疑那人是真是假时，经过长时间训练的身体已经诚实地做出了反应——迅速游到了遇险者的身边。那确实是个孩子，他因为腿抽筋呛了几口水，紧张之下不幸溺水。它们把那个孩子拖放在气垫上，随后人类救生员赶过来对他进行心肺复苏，岸上，孩子的妈妈见状终于松了一口气。与此同时，海岸另一端正在狂欢，庆祝新一届救生冠军的诞生。

"那三只家养的薄片龙去哪儿了？刚刚还看见它们在离终点不远处，怎么一转眼就不见了？"那位曾经安慰过这三只龙的政府官员问。

"它们呀，心浮气躁，估计又被其他东西吸引去了。"潜水公园负责人说，"真是可惜，它们连完成比赛的能力都没有，只能放回公海啦。"

还没等对方反驳，这位负责人又摆出一副趾高气扬的架势："这是我的潜水公园，该聘请谁当员工我心里有数，不需要政府指手画脚。结果你也看到了，你们送来的家养薄片龙就是这样，烂泥扶不上墙。"

"说谁烂泥扶不上墙？它们刚刚救了我的孩子！"溺水孩子的妈妈从远处跑来，喘着粗气，向众人解释刚刚发生的事故。

如果没有救人，它们就是冠军，可比赛就是比赛，按照规则它们并没有赢。这场争论持续了很久，大家无非是想帮那三只薄片龙讨个公道，让它们入住奢华的1号宿舍。最终，潜水公园的负责人抵不住舆论的压力，正式聘请它们成为圣迭戈海洋世界的救生员，还安排它们住进了环境也相当不错的2号宿舍。

　　对于经历过家变的薄片龙来说，冠军和1号宿舍都不重要了。外面的世界多可怕呀，只要能留在这里，不受海洋猛兽的袭击，吃上还不赖的饭菜，有份不错的工作和收入，就这样活着也挺好的。

2.4

世界恐龙争霸赛冠军

"173号棘龙听令！把船拉上岸，尽快！千万别让海水浸湿货物！"海运公司的指挥员站在岸上向员工发号施令。

一艘逆流而上的货船搁浅了，刚完成卸货工作的棘龙173号还没来得及喘口气，就扑通一下跳入海中，用固定在它下颌上的套索系住船头，以狗刨式的泳姿将货船拖到码头，工作人员带着另外两只棘龙赶来，将船上的货物运回仓库。

173号已经搬了一整夜的集装箱，现在又把一艘装载了好几吨货物的船拖上岸，真是累坏了。它用最后一丝力气把长长的嘴巴伸进海里补充水分，可是海水太咸了，越喝越渴。片刻之后，它感到脖子隐隐作痛，就像落枕，稍微转动脑袋就会产生撕裂般的疼痛；背帆前侧的脊椎骨好像正在被一群小虫子啃食，算不上剧痛，但那种又痒又刺的感觉简直让它抓狂；伤口愈合没多久的蹼

棘龙

趾再次裂开，海水从脚底钻进肉里，从下而上，钻得它生疼。

颈椎骨折、腰椎变形、上颌骨骨裂、背帆的脊椎骨断了三根、头部和尾巴有不同程度的咬伤和抓伤……这只棘龙全身上下的新伤旧患有十多处。在海运公司高强度的体力劳动下，它的身体状况反复无常，加上中度抑郁，刚满13岁的它看上去已经像只年迈的恐龙。

疼痛对于173号来说不算什么，只要没有致命伤，它都会坚持干完所有工作。它是公司里唯一获得全勤奖的员工，虽然海运公司有完善的请假扣薪制度，但它太能忍耐了，就像一只机器恐龙，对疼痛有极强的免疫力。

在173号看来，这种免疫力是上天赐给它的礼物，是摆脱命运的唯一途径，是它能够在世界舞台绽放光芒的重要条件。否则，它只能在摩洛哥的贫民窟干一辈子杂役，或者饿死在枯竭的河塘边。

大部分出生在贫民窟的棘龙活不到成年，它们的巨型身体占用了太多人类和其他生物的生存空间，而自身又缺乏在社会立足所需的一技之长，往往遭遇猎杀或驱逐。运气好的棘龙能得到兼职机会，如拆除违规建筑物、拖拉陷在泥地里的卡车、帮渔民捕杀坦克鸭嘴鱼等，从而获得一些食物。棘龙爱吃水里的东西，比如石斑鱼、海鲶鱼、鲨鱼，条件不好的时候则只能靠虫子和翼龙充饥。如果能吃到帆锯鳐就再好不过了，那是一种体长8米的巨型鱼，嘴巴像一把锋利的剑，牙齿上长着致命的倒刺，肉质却肥嫩、口感鲜美，富含脂肪和多种维生素。

当然，贫民窟没有那么多帆锯鳐可以吃，就算遇到了，也面临着与河水里巨型猛兽的竞争，双方可谓是势均力敌，棘龙并没有赢的把握。173号棘龙不信这个邪，每天下班后，它都会跟同伴去河边找吃的，用嘴巴里的压力传感器探寻猎物的行踪。有天运气好，它们碰上一条在淡水河里"生孩子"的帆锯鳐，173号正要张口去抓，迎面赶来一只帝鳄。那家伙足足有12米长，脑袋跟小轿车一样大，上百颗粗厚的牙齿紧密排布，一口就能吞下3个成年人。起初，帝鳄并没有发动攻击，而是紧紧盯着173号，好像在向它发出警告：老大哥在看着你，别跟我抢食物，赶紧离开。其他棘龙伙伴早就一溜烟儿跑得远远的，也劝它不要滋事，保命要紧。

当时的173号还未成年，没见过什么大场面，初生牛犊不怕虎，上来就反击：来啊，看看谁是老大哥！帝鳄哪儿受得了小毛孩的挑衅，没废话，瞬间跃起半个身子扑向173号，张开大嘴露出锋利的锯齿，试图将它撕成两半。小棘龙反应快，纵身向旁一跳，躲过了致命一击。紧接着，双方展开正面攻击，两张大嘴巴撕咬在一起，你一口我一口，谁都不让。帝鳄的战斗经验更丰富，牙齿保养得也好，很快就把173号的嘴巴咬穿几个大洞，鲜血顺着它的下颌流向脖子，其中还夹杂着几颗牙齿。或许是因为173号不怕疼，它丝毫没有退让之意，拼命咬住对手的嘴巴，借助后肢和尾巴的力量稳住身体，猛甩脖子，晃得帝鳄有些晕。双方僵持不下，一只在旁围观的棘龙见势头有利，也下场加入战斗。

　　见对手力量壮大，体力逐渐耗尽的帝鳄攻击力大打折扣，心想：为了一顿饭不值得把自己搞得如此狼狈。于是，它松开嘴巴，将身体浸在河里，向后退了几步，扭头逃了。

　　"棘龙战胜帝鳄！"173号的英勇事迹很快传遍了贫民窟，成为同类们炫耀的资本。几周后，一家棘龙俱乐部慕名而来，愿意以10万美元的年薪将它纳入旗下，让它成为竞赛级恐龙。

棘
龙

与人类的拳击赛、格斗赛相似，恐龙圈也有赛事——世界恐龙争霸赛。比赛内容跟173号对战帝鳄差不多，两两撕咬或撞击，就看谁能坚持到最后。参赛者以巨型恐龙为主，除了棘龙，鲨齿龙和暴龙也是热门品种。目前，全球有数十家恐龙俱乐部，他们从世界各地甄选招募条件好的恐龙，从耐力、速度、战斗技巧等各方面对它们进行专业且严苛的训练，将其培养成竞赛级恐龙。被俱乐部录用的选手不仅享有高额签约金，还有机会参与世界恐龙争霸赛，赢得荣誉和奖金。

173号之所以被选中，不是因为它有多能咬，而是因为它很能忍，即使被对手伤得血肉模糊，只要裁判不吹哨，它就不会倒下。俱乐部递出的橄榄枝对173号来说是个绝佳的翻身机会，它终于不用再在贫民窟忍饥挨饿、受人白眼了，它需要这个机会。

刚进训练营的173号并不起眼，从小吃不上一顿饱饭导致它身材矮小，力量和速度都比不上同类。竞赛级的棘龙体长近20米，

鲨齿龙

090

体重至少25吨，而173号只有16米，初次测量时体重不足20吨；它背部由长棘组成的帆状物本应庞大挺拔，但营养不良造成的肌肉萎缩，令它看上去像个干瘪的大贝壳。不过这些并不重要，贫民窟的孩子不信命，它终将找到属于自己的必杀技。

不同身材、性格的恐龙有不同的格斗技巧，擅长不同技巧的恐龙又适用不同的战术。针对173号，训练营制定了一套完善而严苛的训练方案：每天10千米负重跑，快速适应陆地环境，提升移动速度（跟鳄鱼一样，棘龙以水中生活为主，而竞赛级棘龙需要长时间适应陆地环境，因为恐龙争霸赛是在体育馆里进行的）；用脑袋撞击巨型沙袋，训练攻击力和命中率；用牙齿咬断粗壮的树根和骨头，增强撕咬能力。除此之外，举重、弹跳、核心力量和平衡训练也是它的必修课。渐渐地，教练发现身材矮小对173号来说反而是个优势，因为它能轻松地跳起来咬到比它高大的对手，同时能敏捷地躲过攻击，快速绕到侧面或下面进行反击，尤其是当它咬住对手脖子下方的肌肉时，核心发力，腰部和尾巴向后撤，最后奋力一拽，对手就疼得嗷嗷叫了。

崭露头角的173号成了训练营的种子选手。半年后，它参加了世界恐龙争霸赛的海选，上百只大块头两两对决，每场三个回合，根据比分排名，前20名进入晋级赛，争夺决赛资格，而前5名可以直接进入总决赛，争夺世界冠军。

按照海选赛的规则，相同重量级的选手被分进一组，这样竞技双方基本势均力敌，以免造成致命伤害。以往，这条规则算是废话，训练营在挑选恐龙时首先看身高和体重是否达标，所以同种类的恐龙不会相差太多，个头最大的棘龙对棘龙，其次是鲨齿龙对鲨齿龙，最后是暴龙对暴龙。而173号这个发育不良的家伙被分到了最弱小的矮暴龙组，这是史无前例的。

"这是好事儿！矮暴龙又笨又迟钝，攻击力也弱，你稳赢！"赛前，教练信心十足地对173号说。173号虽然感到有些羞耻，但毕竟是第一次参赛，就当热身了。教练和它的目标是在上百号选手中保五争三，直接进决赛。

但是，他们都自视过高了。5场车轮战后，173号几乎耗尽了全部力气。它双腿发软，两眼发昏，以往的敏捷和凶猛好像从自己的身体里抽离后钻入了对手体内，任凭对手一口一口地撕咬，一次一次地撞击，用短小的前肢拨弄它的下巴，而它只能站在原

矮暴龙

地强忍羞辱。还好173号抗打，最终以小组第六的成绩勉强进入前20，排在它前面的是个头和体重都不及它的矮暴龙。

"训练时看着挺厉害的，怎么一比赛就蔫菜了？"

"就是说，几十年以来，棘龙可是从没输给过矮暴龙啊，真是丢死人了。"

"闭嘴吧你们，这只恐龙训练半年就参加海选还能晋级，你们谁有这能耐？"

……

讽刺也好，安慰也好，173号根本不在意别人的议论，此时的它只有满脑子的问号，明明一开始打得很好，为什么后面越来越弱，到底是哪里出了问题？

"问题出在体能。"教练说，"你的爆发力和攻击力都很强，能在短时间内命中要害，但耐力不足，战斗时间久了体力跟不上，脑子也就不转了。那些矮暴龙就是抓住了你这个软肋，在后几个回合故意拖延时间。"

"除了加强体能训练，饮食和作息也要调整。"营养师把173号的体检报告递到教练手中。"距离下阶段的比赛还有3个月，它的体重必须再提升2吨，身高和体长也要增长25%，增肌减脂。不然碰上人高马大的同类或鲨齿龙，人家一巴掌就把你这小矮个儿按进地里了。"

在营养师的安排下，173号有了一套专门的饮食计划。除了吃各种奇怪的鱼类，它还要忍受难以下咽的鸭肉块，而海带和青口贝这些最爱的零食统统被没收，饮料也不让喝了。还好，帆锯鳐数量充足，不然生活真是毫无乐趣了。相比队友，173号的训练更严苛，休息时间也更少，取而代之的是宵禁时间提前至晚上8点，它每天只能往返于训练场和宿舍之间，跟朋友们玩球、逗虫子的大好时光一去不复返了。

　　3个月后，173号的体重和身高都有了显著增长，虽然仍不像同龄的棘龙那般强壮，但在晋级赛中能跟它们一决高下了。与海选不同，晋级赛不再根据选手的重量分组比赛，而是按照抽签号码随机分组，对手强弱全凭运气。这次与173号对决的是一只鲨齿龙，对方一开始就给它来了个下马威，咬断了它的一根肋骨。鲨齿龙虽然拥有迅速而强劲的撕咬能力，能在短时间内开展攻击，

棘
龙

但它牙齿太薄，无法擒住对手，173号很快挣脱出来，用一记左勾拳在鲨齿龙的脖子上留下3道深长的血印。紧接着，173号绕到鲨齿龙的侧面，扎稳脚跟，收紧核心，用粗壮的颈部带动头部，猛力一甩，把对手甩到了赛场边缘。几个回合后，鲨齿龙败下阵来。在其他小组的比赛中矮暴龙被全体淘汰，173号以总分第四的成绩进入总决赛。

之后的决赛，包括173号在内的10名选手进行擂台战，173号分别对战与其身形不相上下的鲨齿龙和更加凶猛的同类棘龙，最终获得季军。对于第一次参加世界总决赛、不是科班出身的173号来说，这个成绩已经很出色了，就连获得冠亚军的两名选手都感受到了威胁，它们的爆发力、攻击力和灵敏度远远比不上173号，这次之所以能赢，全靠经验和运气罢了。假以时日，173号这个来自贫民窟的小家伙定能打败所有竞赛级恐龙，称霸世界。

正如它们所料，173号棘龙在第二年世界恐龙争霸赛中就夺得了冠军，并连续五年蝉联王座，那时173号不再是173号，而是被人们称为"君王"。为了挖角君王，世界顶级的恐龙俱乐部争相与它签约，签约金达每年200万美元，附赠豪华栖息地和专业服务团队，这在恐龙史上是最高级别的待遇。173号渐渐适应了这个花花世界，山珍海味、披金戴银、美龙环绕……几年后，173号变得欲壑难填，对它来说格斗不再是头等大事，为了赚钱，它开始接代言、拍广告，甚至参加"地下"比赛。随之而来的是身体发福、头脑不清、战斗力下降，赛场上面对更加年轻凶猛的对手时，它能撑两个回合就谢天谢地了。

从在贫民窟被选中进入训练营，到夺得世界冠军，再到叱咤恐龙界，173号棘龙的格斗生涯仅仅维持了10年。跟大多数竞赛级恐龙一样，一旦失去战斗力，无法靠比赛挣钱，不管你曾经有多辉煌的战绩，到头来都只是一枚弃子。173号想重新来过，回到赛场证明自己，但体力已经不允许了。

13岁，本应是棘龙最辉煌的年龄，但173号却被迫选择退役，之前住的豪宅被俱乐部收回，靠比赛挣的钱也早已挥霍一空。想要日子过下去，173号不得不重新找一份工作。可是除了格斗，它什么都不会，曾去几家公司面试保安、拆卸工、拖运工之类的工作，都被对方以技能不符、个子太矮、伤病太多等理由拒之门外。最后还是在前经纪人的帮助下，它得到了这份海运公司的工作，靠搬运集装箱为生。

码头边，黑色的海浪一下又一下撞击着坚硬的岩石，浪花飞溅后落回海里，很快又聚集起来向岩石发动第二轮攻击。173号看到这一幕仿佛想起了自己的前半生，它热爱格斗，曾向命运挥出一记记重拳，却没想到，现实又将这些拳头如数奉还。

生活还要继续，173号没有多余的时间抱怨世态无常。它打起精神，向员工宿舍走去。它要踏实地睡个好觉，当太阳升起，又将是崭新的一天。

2.5

伤齿龙安全顾问有限公司

"你好，我之前有过预约，想了解一下私人安保人员的雇用费用和流程。"

"您是陈小环女士吧？请进！"

在北京的一家安全顾问公司里，陈小环在工作人员的带领下走进会客室。一间不足10平方米的房间，正好塞下一张长桌和四把椅子，光线从一扇豆腐块大的窗口射进来，笔直地打在墙面上，几个大字赫然醒目——誓死捍卫客户安全。

"我们公司成立近二十年了，是业内屈指可数的专业安全顾问公司。私人安保的服务内容主要包括贴身保护、隐身保护、私人保镖等。"工作人员一边介绍，一边将一本上百页的《公司手册》递给陈小环，"不知道您的具体需求是什么？我们可以为您量身定制服务方案。"

陈小环翻看了几页《公司手册》，里面密密麻麻的全是服务内容和规章制度，复杂的条款和专业术语让她没了耐心。合上手册，想起一年前的那场事故，陈小环依然惴惴不安。

　　陈小环在一家公关公司工作，为汽车客户提供活动营销策略和项目执行，常年奔波于国内外诸多城市。从活动的前期筹备到场地搭建，再到落地执行，她必须亲自把控每一个环节。一年前，她前往美国加利福尼亚州负责某品牌的自驾项目，她和团队开车从萨克拉门托一路向南，沿1号公路途经旧金山、圣何塞，最后到洛杉矶。如众多汽车品牌的自驾活动一样，整条线路配备专业的摄影摄像团队，捕捉并记录旅途画面，以展示汽车的外形特点和核心性能。作为项目负责人，所有影像文件汇总在陈小环手里，由她审核、筛选后交给编辑团队，最终输出图文、视频等传播素材。

　　整个旅途一切顺利，他们甚至在最后期限前几天就完成了所有拍摄工作，可就在他们到达洛杉矶，打算休整一天再回国时，意外发生了。

　　晚上8点47分，圣莫尼卡码头以东，陈小环停放的车被砸了。一侧车窗被砸碎，车门被拉开，驾驶位被翻得乱七八糟，座位上留着几个大脚印。看到这一幕之前，她和同事们在附近一家餐厅吃饭，虽然车辆没有停放在规定的停车场所，但餐厅服务生表示如果用餐时间不是太长，他们可以暂时将车停在那里。谁能想到就在短短的半个小时内，在还算繁华的商业区，吃个饭的工夫车就被砸了。陈小环心里一颤，跑过去查看后备厢是否被盗，那里有一台备用笔记本电脑和一个移动硬盘。

早就听闻这个区域治安不好，陈小环下车时特意把自己的钱包、手机和一台工作用的笔记本电脑带进了餐厅，前车厢除了一件外套什么都没留。倒霉的是她们碰上了惯犯，他踩着后车座椅翻进这部箱型车的后备厢，把盖在毯子下的电脑和硬盘都拿走了，这次旅途中拍摄的大部分影像资料都储存在里面。陈小环心想：还好拍摄团队有备份。

"坏了，我的相机不见了！""我的包也没了，里面还有客户资料呢！"同事们的噩耗一个接一个传来。不像陈小环那么谨慎，团队中其他两个人把背包留在了车里，小偷用同样的方式将财物盗走，只留下一地碎玻璃。

至此，他们损失了两台笔记本电脑、一部单反相机、一个移动硬盘，还有一个装着重要文件的名牌包。最可怕的是，由于没有及时备份和上传到云端，客户要求拍摄的影像资料丢了一半，那可是整个项目后期宣传的重要素材。即使报案，能找回的概率也微乎其微；而且即使找回，歹徒为了销赃也早就把里面的内容销毁了。

"重拍一次？"

"开什么玩笑，就算有时间也没有预算。"

"那我们该怎么办？"

"还能怎么办？回去受死！"陈小环恨得咬牙切齿，发誓再也不来这个鬼地方了。

回去的结果可想而知，挨骂、扣工资，晋升机会和年度奖金全部泡汤，公司赔偿损失并永远失去了这个大客户。因为一个小偷几乎断送了职业生涯，陈小环心中的委屈和不服始终无处发泄。一年后，那个她发誓再也不去的地方再次向她招手。公司派她去负责一场新车发布会，地点在洛杉矶的圣加布里埃尔谷，一个治安比圣莫尼卡更糟糕的地方。

"陈小姐，陈小姐？说说您的具体需求？"安全顾问公司的员工将她从回忆中拽回来，"您主要是想保障人身安全，还是财物安全呢？"

"保护财物。"陈小环回答。

"那您可以看一下《公司手册》第40~70页贴身保护和私人保镖的服务介绍。贴身保护是指时刻跟随雇主，当意外发生时确保您的财产和人身安全，也可以转换角色，帮您处理行政和外勤工作。私人保镖的服务内容与贴身保护类似，他们的专业度和保密度更高，都是武警或特种部队出身，也有退役的要员保护组成员，他们能文能武，在翻译、商务谈判、高级文秘写作方面都受过专业培训的，还能开飞机、驾游艇，熟练使用各种先进武器。有成功的企业家不喜欢时刻有人跟随，也可以选择隐身保护……"

"等等！"陈小环听得不耐烦，打断了对方，"我不需要那么专业的，能保护电子设备就行。"

"您所说的电子设备是那种有高精尖技术、需要高度保密的吗？"

"不是，就是普通的笔记本电脑和摄影摄像器材，哦对，还有移动硬盘！"

"……那这些设备的总价大概是？"

"就几万元人民币，设备本身不值钱。你们只要保证那些东西不被偷走就行。"

"陈小姐，您是想雇用安全顾问来防小偷？"

"对啊！"

工作人员不再追问，示意请她稍等后离开了房间，去向上级汇报陈小环的需求。几分钟后，一位西装笔挺的男士进来，自我介绍说："陈小姐您好，我是这里的高级客户经理，刚听我同事描述了您的情况。我想申明一下，您的需求我们这里任何一位安全顾问都能满足，但如果只是保护几台电脑、相机不被偷，这个服务费用……恕我直言，对您来说太不划算了。"

"钱好说，我特意向公司申请了额外预算来保护我们的电子设备。"见那位经理还是一头雾水，陈小环将一年前的那场事故说了出来。同为打工者，在场的人虽然同情陈小姐的遭遇，但对于派专业且高端的安全顾问去盯小偷，他们都觉得未免太小题大做了。

陈小环对此早有预料，之前她已经咨询了四五家安全顾问公司，没有一家愿意合作。新车发布会的工作内容繁杂，执行难度更高，尤其是在治安混乱的海外城市举行，第三方执行供应商无法指望，只能靠自己和一同前往的同事全力以赴。看了这家公司的服务报价后，陈小环彻底打消了雇用保镖的念头，起身向门外走去。

　　"陈小姐留步。"那位经理突然叫住了她，"或许您可以考虑一下恐龙保镖。"

　　"恐龙……保镖？什么意思？"

　　"是一种肉食性恐龙，目前主要应用于警务工作，帮一些社区警局抓小偷和强盗。"

　　"吃肉的？那它们会伤害人吗？"

　　"当然不会，它们都是经过专业培训的。这种恐龙非常聪明，不，应该说它们是世界上最聪明的恐龙，感官发达、奔跑迅速、攻击力特别强。之前顺义区一个盗窃团伙就是被它们抓住的，听说发现有人作案后，其中一只恐龙瞬间扑了上去，用爪子把对方擒得死死的。那爪子我见过，跟镰刀一样，几把大镰刀戳进肉里什么感觉？想想都疼。就这样，被抓住的那个人还拼命挣扎呢！"

　　"后来呢？那人跑了吗？"陈小环越听越入迷，坐回到椅子上。

　　"那哪儿跑得了啊！他乖乖就范还好，这一挣就把事情闹大了。"经理喝了口水，继续说，"另外两只恐龙见那人不老实，飞奔过去支援，其中一只张开嘴巴用牙齿就对着那人的眼睛戳过去了。它们的牙齿可比爪子厉害多了，跟锯齿一样，又尖又硬，要是真的戳下去那人就……"

"就怎么了？"

"就瞎了。"

"啊？那警局要担责任吗？"

"这就是问题所在了。没有任何一条法律规定恐龙在捉拿犯罪分子时对自己造成的致命伤害可以免责，也就是说，无论罪犯采用什么措施进行反击，哪怕导致恐龙死亡，只要自己受伤严重就可以把它们的雇主告上法庭。恐龙虽然是以兼职员工的身份参与办案，但雇用方还是要担责的，现在那小偷的家属还在跟警局打官司呢。"

"打住吧，我可不敢聘请这样的保镖，回头把人弄伤了我还得吃官司。"陈小环刚提起的兴致被经理一番话压了下去。

"别急呀，您刚刚说这次发布会是在美国举办对吧？"经理接着说，"这种恐龙已经在海外大范围应用啦，美国、墨西哥、巴西等国家的警局都雇用它们，相关法律法规也比较健全，遇到这种情况雇主都不用承担任何责任和损失。尤其是在加利福尼亚州，住在比弗利山庄的富豪和明星们几乎人手一只，它们不仅保护财产，也保护雇主的家庭安全。"

陈小环犹豫片刻，问经理如何雇用这种恐龙，经理递出一张名片，说："这是跟我们合作的恐龙公司，您直接过去吧，我会跟他们的负责人打好招呼。"陈小环接过名片，上面印着公司名字——伤齿龙安全顾问有限公司。

　　在那家伤齿龙公司里，陈小环亲眼看到了经理口中的捉贼能手。那是一种2米长的兽脚类恐龙，它的脑袋和嘴巴像极了鸟类，眼睛大而圆润，前肢比其他恐龙长一些，三根镰刀般的利爪，深绿色的羽毛从头覆盖至尾巴，其中还夹杂着一些蓝色和深棕色的绒毛，远远看上去就像一只没开屏的孔雀，漂亮极了。

　　公司负责人说，伤齿龙的眼睛比其他恐龙的眼睛位置更为靠前，不仅有极强的夜视能力，也有更好的立体视觉，它们的脑容量与体型的比例是恐龙中最大的，因此被视为世界上最聪明的恐

伤
齿
龙

龙。只要稍加训练，伤齿龙就能掌握辨认罪犯和擒拿的本领，加之拥有锋利的牙齿和爪子，很多地方都聘请它们担任警员，帮助捉拿小偷和强盗。

"它们睡眠时间很少，可以整晚巡逻，而且机灵得很，发现情况就会采取擒拿措施，还会发出警报。"公司负责人向陈小环介绍。

"发出警报？是嗷嗷大叫吗？"

"哈哈哈，当然不是。每只伤齿龙的身上都装有一个小型智能设备，你可以理解成防身报警器，这个设备会连接到我们的安全网络和当地警察局。发生擒拿行为时，设备会发出警报声，同时将定位传给警局或雇主设置的安保人员，伤齿龙会保持擒住罪犯的状态，直到有人输入密码解除警报。所以，即使罪犯逃跑，安保人员也可以根据传回的定位找过去，不过通常情况下罪犯是跑不过伤齿龙的。"

陈小环被负责人说得跃跃欲试，恨不得自己买一只这样的恐龙回家当保镖。"发布会从前期筹备到完工收尾，一共4个工作日，我们雇几只伤齿龙合适？"

"如果活动场地是室外，建议4只，如果在室内，2只就够了。场地内外也有安保人员不是？"

"活动在室内举行，当地的保安团队有十多号人。恐龙们不用管其他事情，只要看好我们的工作设备和资料就行。"

"那2只足够了。"

"雇用费呢？"

"佣金包括服务费、饮食花销和意外保险，一共5000元人民币。"

"你是说一只恐龙一天的费用是5000元？"

"我是说2只恐龙4个工作日的费用一共5000元。"

"这……这么便宜？"

"恐龙又不是人，花不了多少钱。哦对了，如果雇用期间你们的员工对它们有虐待行为，无论伤势大小都要赔偿，虐待赔偿费可不是一笔小数目。"负责人将委托协议递给陈小环，里面明确规定不得对伤齿龙有殴打、拖拽等攻击性行为，就算是拔一根羽毛都不行。

陈小环正要签协议，突然想到一个关键问题："这两个家伙怎么去美国？飞机能托运吗？"

"当然不能！"负责人被她的问题吓了一跳，然后忍不住笑了起来："之前那个安全顾问公司的经理没有告诉你吗？我们是全球连锁公司，在加利福尼亚州有分部，就在洛杉矶，你拿着文件直接去那儿领就行了。"

2周后，陈小环和团队到达洛杉矶，按照位置指引找到了伤齿龙安全顾问有限公司的加利福尼亚州分部，距离活动场地圣加布里埃尔谷只有一个小时的车程。一路上，2只恐龙保镖像是被注射了镇静剂，乖乖地趴在托运车里没有发出任何动静，到了活动现场，安全绳刚解开，它们就像打了鸡血似的跑向指定区域，开始巡逻。

　　早些年，圣加布里埃尔谷的治安差到极点，大白天走在街头都可能随时被抢，晚上遭遇入室盗窃更是家常便饭，虽然当地警力提升后重大刑事案件的数量有所下降，但小偷小摸还是时有发生。这要拜加利福尼亚州第47号法案所赐，其中一条规定：若嫌犯偷窃赃物折合金额低于950美元，就不会被捕。警方即使抓到罪犯，也要当场释放。这让狡猾的小偷有机可乘，他们会在作案时仔细考量，每次最多偷到949美元就收手。而警察在抓捕前也会考虑人力成本，对小贼们睁一只眼闭一只眼。生活在这里的居民苦不堪言，可47号法案是他们自己投票通过的，还能怪谁呢。直到一个开杂货铺的中国老板不知道从哪里搞到了一只伤齿龙，放在店里养着，几周的工夫先后抓住了五六个小偷，还把小偷伤得不轻。其他居民纷纷效仿，当地政府也默认了这个办法，没几个月，这里就成了伤齿龙一条街，令小偷们闻风丧胆。

　　或许是听闻伤齿龙大名，陈小环雇用的恐龙保镖并没有派上用场，贼人们远远瞧见那两个可怕的家伙拔腿就跑，根本不敢进入活动现场。5 000元买个平安，没有比这更划算的买卖了。回国后，陈小环又去了一趟那家伤齿龙安全顾问公司，想买一只养在家里。

　　不得不说，伤齿龙对有防身需求的单身女性来说是最好的选

伤齿龙

择。它们体格小，不会占用太大居住面积，在阳台上搭个窝就行；它们不讲究吃穿，只要没有骨头的生肉，再来点儿水果和蔬菜就能养活，如果家附近有足够多的老鼠和黄鼠狼，你甚至都不用特意为它们准备吃的；它们不仅能保护安全，还能跑去物业拿快递；它们能彻夜不休，忠于职守，让你睡个安稳觉。

伤齿龙的好处被越来越多的人看在眼里，继似鸵龙和帕克氏龙之后，伤齿龙也开始在国内被大规模饲养和投入使用。银行、珠宝店、奢侈品店和购物中心纷纷聘请它们担任安全顾问。大学的学生宿舍尤其欢迎它们，即使没有足够的监控设备和安保人员，宿舍楼管睡得鼾声如雷，学生们也不用再担心丢失财物了。

第 3 章

从长崎海岸到马略卡岛

我可能是世界上最喜欢旅行的人，如果可以的话，恨不得每天都在路上。完成恐龙公司的任务后，我终于迎来了长达一个月的假期，随意散漫的马德里、文化多元的托莱多、风光旖旎的马略卡岛，这些我曾经流连忘返的地方都被列入了我的度假行程中。这次旅行中，除了飞机、大巴等传统交通工具，我还计划驾驶恐龙完成短途行驶。共享恐龙行业已经趋于成熟，费用低廉不说，坐在恐龙上看风景另有一番体验，说不定还能邂逅同样喜欢恐龙的朋友呢。可是计划赶不上变化，休假之前，我被迫参加了一场半自由行，之后的行程也没想象中那般安逸，处处充满了惊喜和无厘头。

3.1

我和夜翼龙的半自由行

　　看了看日历，距离休假还有不到一周的时间，下午完成工作交接后，我把宠物（一只狗和一只小镰刀龙）送到父母家照看，晚上回来收拾行李。我好像有强迫症，任何事都要提早安排好，不允许出现丝毫偏差，更不允许计划被打乱。之后几天，我要研究攻略，补充睡眠和体力，为接下来为期一个月的旅行做好准备。至于其他的事情，请千万不要来烦我。

　　"这次可能还要麻烦你。"国家恐龙保护协会的同事坐在我家沙发上，他以帮忙收拾行李为由登门，现在却无所事事地喝着茶，露出极为尴尬的表情，不知是茶太难喝，还是又想让我帮他从国外带东西回来。

　　"说吧，想带什么？除了吃的和动植物，我应该都能带。"我一边收拾行李，一边祈祷千万别是什么稀奇古怪的玩意儿，上次

镰
刀
龙

帮他从蒙古带了颗安氏兽的颊齿回国，被海关盘问了半天。

"咳，你又不是代购，哪儿能总让你捎东西呢。"他起身走到我旁边，蹲下来说，"其实是会长让我过来跟你商量，关于那群夜翼龙的迁徙。"

"你是说垦丁的那群夜翼龙？前期的筹备工作不是早就完成了？飞行器、迁徙路线、中转站、栖息地交接，所有文件会长都签字了，是出什么问题了吗？"

"别急呀，前期工作没有任何问题……只是这次迁徙的领航飞行员助理，会长的意思，由你担任。"还没等我问缘由，他就解释说，"原计划是咱们负责夜翼龙聚集、中转站协调、栖息地考察等陆地工作，天上的事儿由北京航空航天大学的吴江浩教授来做。人家是资深飞行器专家没错啦，但这次是要用飞行器带着一群听不懂人话的家伙从垦丁飞到日本长崎岛啊，他们都不是翼龙方面的专家，万一出了岔子可怎么办？"

"夜翼龙又不是恐龙，充其量只能算无齿翼龙的近亲，我也不是专家。这事儿啊，得找中科院动物所的专家。"

"行了吧你，当初将夜翼龙弄到恐龙保护协会还是你极力要求的，现在就别推卸责任了。再说了，这次迁徙项目的筹备工作是你负责，仿真飞行器也是你和北京航空航天大学的教授们一起搭建的，整个协会没有比你更了解它们的了！"

"话是这么说，但我的假期已经批了啊，你瞧瞧，机票、酒店都安排好了。"我极力为自己找借口，希望就此"逃过一劫"，按原计划去旅行。

"迁徙后天就启动，不影响你休假。明天去北京航空航天大学报到，了解一下飞行要点。领航员助理不需要操作飞行器，你跟着去就行。"说着他向门口走去，离开前还安慰我，"完成工作后你还能在日本玩两天，就当半自由行了。"

好一个半自由行！真是任务临头一起飞啊！我万念俱灰，去书房翻出夜翼龙的迁徙项目档案，复盘它们的结构特征和飞行状态，在哪儿中转、途中吃什么、逆风时如何操作……一边复盘一边埋怨自己，当初干吗对这种不龙不鸟的家伙如此上心。

我第一次见到夜翼龙是在美国得克萨斯州附近的海域，它们三五成群，在一片阴霾下顶着鹿角似的脊冠惊艳出场。这些举着"旗杆"上阵、黄黑相间的家伙一亮相就令我着迷，夸张的脊冠与脑袋相连，形成一个巨大的帆，最大的有90厘米高；翼展与脊冠等长，翅膀上附着一层深灰色的羽毛，正面看像变异的蝙蝠，又像奔驰汽车的三叉星徽标。它们被当地人称为"最诡异的飞行家"。

我想三叉星可能代表夜翼龙想要征服海陆空的愿望吧！

这种小家伙原本生活在陆地上，但后腿关节的特殊性导致它们在行动时异常笨拙且缓慢。随着大型爬行动物的不断演化，夜翼龙的领地被日益挤压，它们的捕食技能无法与前者抗衡，还随时面临被追杀的危险。或许是夜翼龙的祖先们早早意识到了这一点，它们将原本由4节骨组成的翼指演化成3节，后来又退化到只有1节手指能使唤，还发展出了两米多长的翼展和巨大的头帆。有一天，它们站在悬崖边向下一跃，瞬间摆脱重力的束缚飞向天空，用头帆稳住身体，依托强劲的推力乘风驰骋。

夜翼龙的飞行能力提高之后，它们的食谱也发生了变化，从陆地上的小蜥蜴等小动物，变成了水中的各种鱼类。夜翼龙彻底变成了渔夫，用长而尖的嘴巴捕食，偶尔换换口味，会去高处抓些飞鸟。尽管如此，夜翼龙的存活率仍然不乐观，据世界恐龙保护协会统计，如今活在这个世界上的夜翼龙不足2万只，它们还要面临海洋污染、商业捕猎和与其他物种的生存竞争。想生存下来，它们需要一块专属的栖息地。

我这次的任务就是帮助一部分夜翼龙飞到日本长崎海岸。它们早前分布在国内沿海地区，后由恐龙保护协会统一聚集到我国台湾地区的垦丁，如果迁徙成功，其他地区的夜翼龙都将以同样的方式迁徙到长崎海岸，因为那里有完善的保护栖息地，没有人类，没有大型捕猎者，是一座漂在海上的世外桃源。

受电影《伴你高飞》的启发，加上几年前鹦鹉嘴龙迁徙的经验，我们决定按照夜翼龙的样子制造一个仿真飞行器，让它以"头鸟"的姿态带夜翼龙跑路，从垦丁直飞长崎，同时把冲绳、熊本作为备用中转地以防意外。与鹦鹉嘴龙不同，夜翼龙不傻，不是只要看见外形像自己的家伙，它们就会跟着飞。工作人员需要根据夜翼龙的体重和身体构造选择制作材料，结合空气力学、飞行力学尽可能还原真实的夜翼龙，还要按照它们的飞行方式（顺风、侧风、逆风）设计出飞行器的头帆，计算不同飞行方式下的气动力，然后制定可执行、风险小的操作手册。

以上关于飞行器的专业内容我现在写起来都费劲，更别说彻底领悟和实际操作了。多亏了北京航空航天大学的吴江浩教授等几位热心人的加入，他们不仅在空气力学上造诣颇深，还是研究航模和鸟类飞行的专家。后来我们还邀请到一位研究夜翼龙的专家，在他的帮助下，我们测量并计算出夜翼龙的翼展为 1.67 米，体重为 1.55 千克。

为了尽可能制造出跟夜翼龙一模一样的飞行器，我们用飞机三维设计软件构建结构，再通过数值计算研究头帆的气动特性。

巨大的头帆会产生可观的气动力，夜翼龙通过调整头帆的迎风角度来获得有助于飞行的推力，并通过调整头帆气动中心与其身体重心的位置关系来控制这一推力的产生、保持和消除。

同时，我们还要考虑到迁徙途中的风向。顺风时，夜翼龙的头帆可谓如虎添翼，能产生超过自身体重90%的推力，但这也会使它们缺乏足够的升力，需要频繁地扑动双翼。因此，飞行器的机翼不仅得足够大还得足够结实而灵活，一旦在强风中扑断翅膀，"头鸟"就会疾速撞向地面，那可就糟了。

当然，夜翼龙也知道顺风飞行的滋味不好受，它们通常会在顺风时调整姿势，转为侧风飞行。这有点儿像帆船"之"字形的侧风航行，虽然夜翼龙是飞行生物，在空气中的运动有6个自由度，运动远比在海面上进行平面运动的帆船复杂，但它们在运用"帆"的原理上是相似的。

我们知道，当风从一定角度吹向帆船时，它会给帆两个分力：一个分力会推动船向船头方向行进，另一个分力把船往侧面推。但是，因为船身侧面受到水的阻力非常大，所以船主要会向船头方向行驶。同样的道理，空中侧面吹来的风除了给夜翼龙的翅膀提供升力外，也给它们提供了推力和侧向力。向前飞的推力最大能达到其自身体重的50%，但侧向力则是不利于飞行的。为了消除不利因素，夜翼龙需要让身体偏转一个角度，保持一个翅膀高、一个翅膀低的飞行姿态，使翅膀的升力分量也就是侧面阻力增大，以此来抵消风造成的侧向力。

因此，飞行器的头帆起到了决定性作用。飞行器不仅要在飞行中调转头帆的角度和方向，产生气动力，还要通过调整头帆的迎风角度来获得有助于飞行的推力，并通过调整头帆气动中心与飞行器重心的位置关系来控制这一推力的产生、保持和消除。虽然头帆由最新的科技材料制成，但它的面积和重量占了整体飞行器的三分之一，我们不得不加强"头鸟"的颈部力量，使其能够承受足够的重量和风力，避免在转头时扭断"脖子"。

另外，我们着重设计了飞行器的尾部，让它可以通过改变尾膜来控制机身的俯仰、滚转和偏航运动，起到类似飞机的舵面的

夜翼龙

作用。飞行器还有一对模拟夜翼龙的"前肢",操纵它可以改变翼形,在飞行过程中获得气动力和力矩。这只"头鸟"宛如3D打印的夜翼龙,不仅拥有与真的夜翼龙完全一致的外形和颜色,它的头颈、身体、翅膀、尾巴等各部分的组合运动都跟夜翼龙一样高效和自如。唯一不同的是,它需要人来操控。

负责操控"头鸟"的是参与项目的北京航空航天大学教授。此前我们已试飞了好几次,并把它放在垦丁的临时饲养场,与那群夜翼龙建立感情。不出所料,它们一见到这个新来的家伙就围了上去。"头鸟"的个头更大,崭新、鲜艳的头帆似乎散发出了强烈的荷尔蒙,让雄龙们兴奋不已。

一切准备就绪,当日北京时间早上6点,随着夜翼龙迁徙项目的正式启动,我的半自由行也启程了。

在垦丁的临时饲养场,我和恐龙协会的一些成员以及北京航空航天大学的专家们坐在指挥间,一声"头鸟出动"的指令发出后,夜翼龙起飞了。飞行器领头,安装在它头部、尾部和双翼上的迷你监测仪将迁徙过程中的画面实时传送到我们面前的电脑上,坐在旁边的北航教授通过遥控设备操控飞行器的高度和航线,几位同事驾驶汽车在陆地上跟随,其他人监测天气、温度及风向,整个团队紧张有序地配合着。按计划,那群夜翼龙将在2小时11分钟后飞越冲绳,最后抵达临近的长崎栖息地。看到它们起飞顺利,我立即动身前往高雄,然后乘机飞往冲绳,再坐船到长崎海岸。如果不出意外，我到的时候它们应该已经在工作人员的指引下"安排入住"了。

高雄飞往冲绳的那一个半小时，让我暂时从这个项目中抽离出来，得以吃上一顿像样的早餐，补一个安稳觉。飞机落地，当我打开手机通过软件连接到指挥间的监测系统时，短暂的岁月静好瞬间被打破了。画面显示夜翼龙在97分钟前飞出我国领空，这会儿还在赶往冲绳的路上，预计到达栖息地还需要50分钟，比原计划时间整整晚了一个小时。

"怎么回事？"我拨通垦丁指挥中心的电话，向同事了解情况。

"出现了一点儿小意外，"对方说，"路过台北时有只夜翼龙撞到了101大厦，嘴巴断了一角。不过没有生命危险，陆地随行人员已经把它送到恐龙医院了。"

"其他家伙呢？有受伤吗？"

"放心吧，其他都好好的，幸亏咱们之前做了安排，它们能在101大厦附近的小广场迫降。咱们的人过去检查，重新整顿后才起飞，所以耽误了时间。"

"怎么会撞上呢？"我担心是领头飞行器出了问题，如果真是这样，我们之前的所有努力将付诸东流，整个迁徙方案都会被否定，一切要从头开始。

飞行器传回的监控画面显示，在它们距离101大厦2千米时，一只夜翼龙突然从队伍中飞出，直直冲向大楼顶部的一扇窗户，撞击后盘旋了几下停在塔楼外，使劲儿用嘴敲玻璃，看样子是想进去。当时，飞行器和其他夜翼龙仍然在航行队伍中正常飞行。

虽然我们为这次迁徙做足了准备，想到了一切可能发生的状况，也计划了相应的应急措施，但谁都没料到撞击窗户这一幕。在等待事故报告的同时，我得尽快到达长崎栖息地，确认其他夜翼龙的情况，希望不要再节外生枝了。

长崎西南方约19千米处，一幢巨大的废弃建筑物矗立在海面上，密集的绿植盘绕在钢筋水泥上，偶尔现出金属色的骨架，反射出刺眼的光芒，活像一个被掏空的钢铁巨人。远处丘陵起伏，四周空无一人，偶尔有几只海鸥在海面上悄声进食。这种空荡荡

夜翼龙

120

的感觉令我产生了一种前所未有的恐惧，如果不是亲眼所见，很难想象这座荒废已久的、被称为"终极鬼城"的端岛会成为夜翼龙的栖息地。

恍惚中，几位栖息地工作人员向我走来，领我上岸，向我介绍情况。

这幢建筑物是日本第一幢水泥公寓楼。端岛曾经有5500万人口，人们在这里生活和工作，修建学校、医院、商场、影院，这里一度成为世界上人口密度最高的地方。端岛发现大量煤矿之后的几十年里，上千万劳动力在这个狭窄而令人窒息的空间里谋生，直到石油逐步代替煤炭，雇主公司宣布倒闭，岛上的所有员工被一次性解雇。这个曾经喧嚣的社区几乎在一夜间被清空，只留下老旧的建筑和孩子们画在墙上的涂鸦。

尽管几十年来无人问津，这幢公寓的内部构造依然完好无损，几个足球场大的地方与其空置，不如想想如何利用起来。得知夜翼龙的生存现状后，世界恐龙保护协会立即想到了端岛，经过几番与日本政府的交涉，这里被改建成夜翼龙的保护栖息地。

不得不说，这座"鬼城"是夜翼龙最好的归宿。这里湿润的海洋性气候、干净的空气和丰富的鱼类，都十分适合夜翼龙生存。改建后的岛屿郁郁葱葱，长满菖蒲和杜鹃花，密密麻麻的锦屏藤从楼顶垂下，盘绕在建筑物四周，形成无数扇红绿相间的天然窗帘。登上岛屿的制高点，原有的神社被改造成了一座空中花园，树木、石桥和亭台错落有致，一个池塘中竟然还养着数十条锦鲤。花园中间，一座夜翼龙的雕像高耸挺立。

站在这座设计精美的空中花园中，我几度陷入幻觉，以为自己进入了仙境，被包裹在色彩饱和度高度一致的天与海之中，四周是引人冥思的静谧。远处，一行黑黄相间的队伍缓缓靠近，历经三个多小时的迁徙终于即将落幕。落地后，这些夜翼龙像一群没见过世面的孩子，等不及我们引领就冲进自家"豪宅"，好奇地上飞下跳，一会儿用嘴戳戳荷塘中的锦鲤，一会儿又飞到海面跟海鸥打架。它们很快就适应了这里的环境，俨然一副主人的姿态。

当晚，我收到了同事发来的迁徙报告，报告解释了其中一只夜翼龙在飞行中撞向窗户的事故原因。在台北101大厦高层某处，有几株大型的绿植被摆放在落地窗前，那个天真的家伙以为那是一

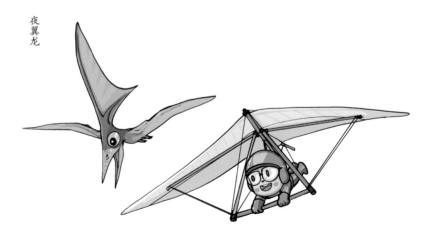

夜翼龙

片树林，想都不想就一头冲了过去，结果高速飞行中突然被一扇玻璃阻挡在外，发现时已来不及回头。目前那只夜翼龙已返回垦丁，即将跟着第二批迁徙队伍一起飞往长崎。

"果然还是个孩子。"我忍不住笑出声，随即向恐龙保护协会发出邮件：

　　重新检查并规划其他夜翼龙的迁徙途径，在能见度高的晴天，确保绕开高层建筑物，尤其是有落地窗、室内摆放大型植物的地方。

　　或许我们早该意识到这一点，人在不经意间都会撞向擦得干净的玻璃门，更别说夜翼龙和鸟类了。如果能在高层建筑的楼顶种植树木和植物，供鸟类玩耍，或者成为它们迁徙途中的休息站，会不会比把绿植放在室内更好呢？

3.2

剑龙与腕龙争宠

2000年年初，我在马德里结识了一位友人，当时我正拖着两个大行李箱在地铁站的楼梯上艰难移动。在我暗中抱怨没有电梯的时候，一个30岁出头、肌肉发达的男人走过来说："或许我可以帮你提一件。"他叫菲利普斯，经常在机场附近晃悠，以帮忙提行李的名义跟外国游客搭讪闲聊，目的是练习英语口语。虽然我不明白他为什么要找我这个中国人练习英文，但在接下来几天的旅行中，我们成了很好的朋友。

十多年后我重返马德里，本以为他会在机场迎接，却在临行前接到他的电话："抱歉兄弟，临时有要紧事不能去接你了，但我找了好朋友卢克去接你，相信我，它比我强壮100倍。"

到达马德里巴拉哈斯机场，我按照菲利普斯的指示坐扶梯上到2楼，从4号门出去，一眼就瞧见了前来接机的卢克。出口外的

剑龙

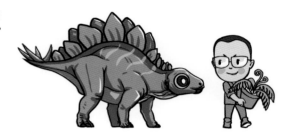

大时钟前，卢克站在人群中显得格外突兀。它头上顶着写有我名字的纸板，几乎挡住了直径0.5米的时钟表面，来往行人纷纷驻足观赏这个大家伙，还有人举起手机给他拍照。

我赶忙上前跟它打招呼，示意它低下头，好让我把那个愚蠢的纸板拿下来。自己的名字出现在陌生人的相册里或社交媒体上可不是什么好事儿。

"这就是你说的强壮的朋友？"我对着卢克拍了张照片，发给了菲利普斯，告诉他我已经到马德里了。

"怎么样？喜欢吗？"菲利普斯的语气有些幸灾乐祸。

"当然！我可从没骑过剑龙，希望它是个好司机。"

　　没错，卢克是一只剑龙。几年前就听菲利普斯说西班牙的一部分交通工具已经被恐龙取代了，包括腕龙、阿根廷龙等公交龙，还有似鸵龙、冰脊龙、布拉塞龙等私家龙。与其他国家相比，西班牙的恐龙饲养政策较为宽松，经过专业训练、持有恐龙证的恐龙都能在城市生活，哪怕是凶残的肉食性恐龙。

　　可我怎么也想不通，西班牙人怎么会饲养剑龙。它们不仅跑得不快，智商也低得令人发指。除了背上鲜艳而夸张的棘突可以拿来炫耀一番，基本没有任何可取之处。按照菲利普斯的说法，剑龙在西班牙并不常见，更没人拿它们当宠物，不过要装载行李

腕
龙

冰脊龙

箱或大型货物的话，剑龙是不错的选择。

眼前，卢克上半身俯卧在地，我在它的脖子上发现了一个小型设备，要求我输入目的地、乘客人数、乘客总体重和行李重量。我反复输入不同的数字后才知道，一旦乘客人数或行李总重量超过租赁公司限定的标准，剑龙就无法启动。这个规定类似于货车超载无法上路，以确保剑龙的身体不受损害。

还好我只有1件行李，加上我的体重也不过50千克，这对于体长9米、体重近4吨的剑龙来说毫无压力。我将行李放在卢克的背板中间，踩着它的前肢上去，坐在位于颈部后方的第二组背板处，两条腿顺着背板之间的缝隙贴在它的身侧。背部的座位虽然不算宽敞，但容下一个成年人绰绰有余，两排背板将我和行李牢牢固定住，连安全绳都用不着。

布拉塞龙

卢克撑起前肢，整个身体和尾巴离开地面，仪器屏幕亮起绿灯，我按下"确认"按钮，出发了。

从巴拉哈斯机场到我预定的酒店，开车需要40分钟，可驾驶剑龙就不好说了。西班牙的恐龙交通虽然发达，但相应的规矩也多。比如，驾驶恐龙必须走恐龙专用道，慢速恐龙禁止上高速，大型恐龙不能在非机动车道行驶……我看着卢克笨重的身体，欲行又止的样子，无奈选择了恐龙专用道，而且是慢速行驶道。

行驶在专用道上的恐龙很多，但品种就那么几个。快速道上多是似鸵龙和似鸟龙，它们体态轻盈，步伐矫健，迅速从我身边闪过。偶尔有几只葬火龙，奔跑速度不及前两者，但它们头上的

葬火龙

红色脊冠甚是醒目，搭配全身油光发亮的黑色羽毛，看上去特别高级。据我所知，葬火龙多生活在沙漠里，经常干一些偷蛋的勾当，它们嘴巴上方的凸起骨质是敲开蛋壳的完美工具。此时出现在马德里，希望它们千万别再做那些见不得人的事情。

慢速道的恐龙相对来说就稳重得多。尤其是我正在乘坐的剑龙，它四肢长而粗壮，脚趾下有厚厚的楔形足垫，与地面产生强大的摩擦力，步伐稳健到我可以站起身子在上面跳舞（当然我并没有这么做）。在阳光的照射下，剑龙金黄色的背板更显鲜艳，具有强烈的视觉效果，每每有其他恐龙路过，它都要昂首挺胸地炫耀一番，尽管它的脑袋小得可怜。

紧跟在我身后的梁龙就朴素多了，一袭灰蓝色的外衣，没有任何纹路和装饰。不可思议的脖子和尾巴，看上去足足有3辆公交车那么长，但它一直耷拉着脑袋，拖着柱子一般粗的四肢吃力前

梁龙

行。我认为梁龙不适合当交通工具：它们的颈部直至尾巴原本长满尖锐的倒刺，但为了适应人类的生活，倒刺逐渐退化，形成光滑的背脊，人坐在上面一不小心就会滑下去，必须时刻拽紧安全绳。驾驶梁龙的是一对情侣，听口音是伦敦人，就我听到的对话可以得知，他们的乘坐体验并不好。

"最后面的行李要掉下去了，你能抓紧点儿吗？别只顾着拍照好吗！"

"天啊，我能保证自己不掉下去就谢天谢地了！"

"瞧前面那个家伙的坐骑，也太酷了吧，咱们去问问他的名字，顺便打听一下是在哪儿租的恐龙。"

"好啊，如果能追得上他。"

中国人在欧洲旅行有一点好处，你总能听懂那些英语国家的人是如何评价你的，但对方大概率听不懂你是如何八卦他们的。我回头看了看那对情侣，拍了一下卢克的脑袋，示意它加快前进的脚步。

两个小时后，我终于到达了位于拉丁区的酒店，这里靠近马德里王宫，相对清静有序，酒店前的街道狭窄而拥挤，不允许车辆进入，但恐龙可以进，因为这是一家恐龙友好酒店。我下到地面，门卫帮忙把卢克背上的行李箱搬进大堂，熟练地从随行袋中抓出一把松果，送进卢克嘴里。

　　"如果没有其他需要的话，我要带它去停龙坪进食了。"门卫说。

　　"它会一直留在这里吗？我明天想在市里转转，可能还会用到它。"我看着卢克，竟然有些不舍。

　　"如果在此之前没有其他人租赁的话，晚些时候它的公司会有人来把它领回去。"门卫将一根绳子系在卢克的喉板处，引领它挪步，"如果不出马德里，我强烈推荐您使用我们酒店的恐龙，它们非常适合城市观光，入住客人租用还可享受折扣价。"

　　我被门卫说动了，跟着他前往停龙坪。那里更像是铺满草的马场，五十多只腕龙在里面自由漫步，四周长满高大的橡树，腕龙们伸长脖子贪婪地将大团树叶吞下肚。卢克被牵引到一个单独的区域，那里还有两只剑龙和一只钉状龙。工作人员牵着一只腕龙向我们走来，它巨大的身体挡住了大部分光线，我挺直身板站到它面前，也不过勉强到了它的膝盖处。

　　"这就是我向您推荐的恐龙，身高15米，您坐在上面可以一览城市风光。它们的外形类似巨型长颈鹿，其功能堪比观光巴士，

钉状龙

您能前往任何您想去的地方，也能随时停下脚步。"门卫突然变身推销员，一股脑儿倒出腕龙的种种优势。

　　跟剑龙一样，腕龙的智商和行驶速度都堪忧，它们唯一的优势是个儿高、脖子长，13块颈椎骨连接而成的长度超过它的总长的三分之一。如果西班牙广场上有艺人表演，我甚至可以爬到它的脖子上俯视着欣赏，就游览马德里这样的城市来说，乘坐腕龙出行确实是个完美的选择。

　　"它脖子上的木框是干什么用的？"我突然注意到这只腕龙脖子上的奇怪装置，看上去像木制的椅子，用粗壮的麻绳缠绕固定。

　　"那是儿童座椅。如果您带了孩子，可以让他骑在恐龙的脖子上，那里视野更是不得了。座椅上有安全带，您不用担心孩子会掉下来。不过出于安全考虑，我们只允许体重不超过30千克的孩子乘坐。"停龙坪的员工回答。

　　腕龙的脖子长度跟我之前见到的梁龙有得一拼，不同的是梁龙无法向上挺直脖子，大部分情况下都是平行向前的。而腕龙的脖子却能抬到50度左右，强壮的颈椎骨和发达的颈部肌肉支撑起头部，比后肢更长的前肢支撑着脖子，所以腕龙能保持长时间抬头，吃到其他动物够不着的高处植物。理论上来讲，在腕龙脖子上安装儿童座椅是个卖点，但长期这么做会增加它们颈部的压力，导致供血不足甚至是颈椎病。

"如果我不要儿童座椅，你们能把它取下来吗？"

"当然可以！您是我们酒店的客人，我们能提供最优惠的租赁价格。观光恐龙一天的租金是20欧元（约160元人民币），您只需要支付15欧元（约120元人民币）就好。"

这个价格在马德里算是白菜价，至少比卢克那只剑龙要便宜好几百块人民币。从乘坐体验来看，腕龙的背脊上没有成排的背板，相比剑龙更加宽敞，我可以平躺在上面晒太阳，玩累了爬到它身上睡一觉也未尝不可；但剑龙的外形更酷，金黄色的三角状背板可以让我招摇过市。二者都是行动迟缓的笨家伙，一个性价比高，一个颜值高……比来比去，我的选择困难症又犯了。

此时，卢克已经吃饱喝足，见我迟迟不做决断，发出了一声粗豪的哀吼。一扇简易的木制门将它与腕龙隔开，它将头伸出门外，试图用脖子前部的"利剑"攻击对方，但它身高和颈长都不占优势，连对方的一根"指头"都碰不到，被看足了笑话。气急败坏的卢克改变战略，挥舞着粗壮的尾巴，露出四根近一米长的

133

尖刺扫向腕龙。腕龙也不示弱，一脚下去狠狠踩在对方的尾刺上，被扎得嗷嗷直叫。两名工作人员见状，立马拽着腕龙走出卢克的领地。

"看见了吧？我们酒店的恐龙脾气好，打起架来从不还手。"门卫再次向我炫耀。

"不是脾气好，是它们脑容量太小，以至于无法协调身体运动，虽然它们的中枢神经系统庞大，可以帮大脑管理内脏和四肢，但这个傻大个儿的反应能力还是比不上别的恐龙。"

门卫被我怼得脸色发青，看着旁边的卢克，不情愿地说："看来您已经做好决定了，我这就帮您向它的公司申请续租。"

这只剑龙好像并不傻，它立马收敛怒气，乖乖地将头缩回门内。

"等等，我要租你们酒店的恐龙，先租3天。"说着我快速向那只腕龙走去，查看它脚部的伤势。好在情况并不严重，剑龙的尾刺并不是垂直向上的，刺向对方的时候呈平行状态，最坚硬的顶部在这只腕龙的脚部划开了一道小口，敷药后几天就能痊愈。

门卫听到我的决定后有些意外，生怕我改变主意，立即带我回酒店办理租赁手续。即将走出停龙坪的时候我才想起卢克，回头看它，它已转过身去耷拉着尾巴，臃肿的身躯高高拱起，耀眼的背板似乎也黯淡下来，没有任何光彩，反倒像是充满了强烈的怨气。

呵呵，人类啊——这应该是卢克最后想对我说的话。

"再见，卢克……"

不选择剑龙的原因并不是因为它好斗争宠，只是对我而言，它的竞品的使用体验更好。在马德里这座鲜有高层建筑的城市，乘坐腕龙可以获得全方位的视野感受，它的身高能让我远离熙熙攘攘的人群，以"上帝视角"俯瞰全城。而且，腕龙由我入住的酒店饲养，它的饮食起居全有专人负责，即使出了问题，酒店也能第一时间解决，加之低廉的租赁费用，卢克完败。

第二天一大早，我驾着腕龙从酒店出发，停在跟菲利普斯约定的餐厅门口，等了很久，服务员才将打包好的食物递给我。坐在腕龙背上，我看到不远处的马德里王宫，正面顶部的哥特式雕塑伸进云层里，下方的钟表时针指向10点。此时阳光并不强烈，我手中的三明治和面前小桌板上的咖啡还冒着热气。街对面的菲利普斯向我走来，一脸疑惑地看着我的坐骑："你怎么租了只腕龙？它在我们这儿可是走得最慢的恐龙啊！"

腕龙俯下前肢，我伸手将菲利普斯拉上来。"我这次来就是想感受你们这儿的慢生活啊，等位半小时、点餐半小时、上菜半小时，连公交车都会迟到半小时……最好啊，让一切都慢下来吧。"

3.3

被重爪龙"占领"的托莱多古城

　　马德里的散漫让我有些焦虑。

　　我没有打卡普拉多博物馆、格兰大道、丽池公园等著名的景点，而是驾着腕龙，整天漫无目的地穿梭于大街小巷，试图体验当地居民的生活。上午11点营业的餐厅，下午2点打烊的古董店，人们从晚上8点就开始喝酒闲聊到次日凌晨……这样的日子让我有些抓狂。不怎么努力却能活得如此随心所欲，马德里人是怎么做到的？

　　我提前退掉了拉丁区的酒店，与菲利普斯道别，动身前往托莱多——一座位于马德里以南70千米处的千年古城，听菲利普斯说那里已经被重爪龙"占领"。

　　领教过剑龙的速度和西班牙的恐龙专用道后，我打消了"驾驶恐龙跑长途"的念头，老老实实坐火车。火车舒适便捷，从马

德里到托莱多只需要半个多小时。火车车厢内干净整洁，也没有聒噪的交谈声音和食物的奇怪气味，综合体验可比乘坐恐龙强多了。如果有人告诉你驾驶恐龙可以领略一路南下的乡村风光，随意停下来感受浪漫。相信我，那个人非傻即坏。

到达托莱多的时间是上午11点，下火车后走几步就能看到车站大厅，这座融合了伊斯兰教和天主教风格的建筑的每一处细节都值得品味。可惜行色匆匆的游客来不及驻足，他们涌出车站大门，希望以最快的速度搭乘交通工具前往古城。如今，公交车只是少部分老年游客的选择，更多人会选择去车站尽头的一个小房间前排起长队，那里原本是一个小咖啡厅，现在改成了一个重爪龙租赁中心。

作为西班牙的"特产"，重爪龙被大量饲养在马拉加、加的斯、巴伦西亚等沿海小城。它们喜欢有水有阳光的地方，像鳄鱼一样拥有强大的捕鱼能力，被渔业公司所重用。与鳄鱼十分相似的另一个特点是它们同样拥有扁长的脑袋，嘴里长满尖锐的细齿，它们看起来就像是用双脚行走的鳄鱼。

然而，重爪龙是"两栖"动物，上天赋予了它们非凡的本领，如果能赚得多些，日子过得有趣些，谁也不想终日泡在水里靠捕鱼为生。所以，一些脑子聪明、亲和力强的重爪龙就移居到托莱多这样的旅游胜地，当起了导游，搭载游客上山下水，赚取丰厚的租金和小费。

托莱多的重爪龙租赁制度相对严苛，需本人持护照办理，并交付30欧元（约240元人民币）押金。客户退租时不可以像在马德里那样随意将其丢在酒店，留给租赁公司派专人去领回，而是

重爪龙

必须亲自把恐龙送回火车站的租赁处。否则，客户不仅无法取回押金，还会被列入当地的黑名单，运气好的只需要接受教育批评，屡教不改的则会被处以最低500欧元（约4 000元人民币）的罚款，且终身无法在西班牙境内租赁恐龙。在托莱多，一只重爪龙的日租金仅17欧元（约135元人民币），如果连续租赁5天以上，还可以享受10%的折扣。

虽然约束很多，办理各种手续也很烦琐，但一想到托莱多密集的上下坡和动不动就迟到或停运的公交车，我还是毫不犹豫地选择了租赁恐龙。办好手续从火车站出来，我就看到几十只重爪龙在门口列队待命，远处还有不少游客骑着它们陆续返回，空载的恐龙再重新加入待命队伍中。游客们也在指定区域排好队，按照次序领取自己的重爪龙。这景象跟北京首都机场的出租车等候区像极了，唯一不同的是出租车换成了恐龙。

"在托莱多你几乎见不到大巴和公交车，到处都是重爪龙。"正如菲利普斯所说，重爪龙已经占领了这个地方，最受冲击的就是出租车，这种交通工具已然成了20世纪的老古董。

20分钟后，我终于领到了自己的重爪龙。它并不庞大，目测只有3米高，我可以踩着它粗壮的小腿爬上它的后背，不需要任何辅助。此前在马德里乘坐的剑龙和腕龙是四肢着地，所以人能平坐甚至平躺在它们的脊背上，而重爪龙只依靠后肢站立和行走，虽然后腿肌肉发达到难以描述，但它们的身体依然会向上倾斜25

度左右，我不得不紧紧抓住套在它颈部的缰绳。另外，它的背脊中段还有一个皮质"坐垫"，外形有些像给巨人用的马桶圈，又大又厚，我能够将整个臀部塞到里面去，四周略微隆起的部分正好可以将我的身体牢牢固定。我的两条腿跨在"圈"外，脚刚好可以蹬在"圈"底部的凹陷处——它可以起到马镫的作用。

回忆起初次驾驶重爪龙的感受，我觉得跟骑马有很多相近之处。只是它们的奔跑速度没有马那么快，也没有四肢着地的恐龙那么稳重，不过在托莱多这种有山有河的地方，驾驶重爪龙着实能获得另一番美好的游览体验。

从火车站步行到托莱多古城，需要走一段很长的石板路，之后再穿过圣马丁桥进入城门。这条路我走过无数遍，而这次有重爪龙陪伴，我希望能玩点儿不一样的。行至塔霍河，我已经脱离了游客的队伍，驾着重爪龙来到阿尔康塔拉桥附近的河边，心想：既然重爪龙能游泳，我们就走水路吧！对于这个提议，重爪龙显得异常兴奋，不过它还是保持了专业风范，它小心翼翼地走进河里并俯下前身，生怕把我甩下去。三分之二的身体和头部浸到水里后，重爪龙立即改变了前行姿态，它的前肢发力划水，后肢伸缩蹬腿，就像一位优秀的蛙泳健将，行驶速度至少比在陆地上快了两倍。

塔霍河的水流并不平缓，尤其是行驶至漫水坝时，河水像小瀑布一样直接冲刷下来。此时，重爪龙不再游泳，转而用肌肉发达的后肢和粗长的尾巴稳住身体，用前肢上三个镰刀般的巨型钩爪抓住石头，一点点缓慢前行。如果没有我，这只重爪龙应该会将全身置于水中，用扁长的嘴巴划出一条道，再用四肢对抗阻力，或者快速转个圈让水花四溅。让我感动的是，它自始至终都没有让我陷入险境，没有让我的身上溅到一滴水，我甚至有些不甘心，想让它放开一些，别总这么客气。

被水"加持"后的重爪龙活力倍增，从阿尔康塔拉桥的另一端上岸后，它开始快速前行，沿着托莱多城外的公路向山上跑去。按计划，我应该先前往古城内的酒店办理入住，但这时已是下午5点，我决定先去城外的观景台看日落。通往河谷瞭望台的路上能遇到很多跑步的人，除此之外就是浩浩荡荡的重爪龙队伍。昔日的城市小火车、双层观光巴士等上山用的交通工具都已经不复存在，停车场也被改建成了恐龙停放处。

河谷瞭望台本身并没有什么景色可言，只是它的位置和高度能让人俯瞰托莱多全城，是个远眺和观赏日落的好地方。驾驶重爪龙的游客必须将它们停放在指定地点，一来是因为瞭望台上并没有完善的防护栏，必须避免恐龙因拥挤或乱跑导致坠山；二来是托莱多有严格的重爪龙租赁制度，长途行驶后必须让它们休息进食，各景点的恐龙停放处都备有免费的水和鱼供它们享用。

我很快意识到，如果想在托莱多观赏完整的日落，河谷瞭望台并不是最佳选择。因为那里的游客太多了，各种语言交织在一起，人头也熙熙攘攘的。视野稍好的位置被人们团团占住，大家摆出五花八门的拍照姿势，先是自拍，然后帮好友拍，最后跟好友一起自拍，好像在这样的风光中，不拍上十几张照片就亏了一个亿。如果等到所有人都拍完照，腾出一个好位置让你慢慢观赏美景，恐怕要到天黑了。

我从人堆里钻出来，牵着重爪龙迅速逃离。沿路下山，我在距离山顶几百米处的一个位置看到了无限缩小的教堂和城堡。天空像被刷上了一层层蓝色、橙色和红色的颜料，太阳悬浮其中，一点一点跳到托莱多大教堂的塔尖上，最后沉入塔霍河的尽头。天色渐暗，我独自一人在这个远离人群的僻静之地看到整个城市慢慢被静谧笼罩，背后群山起伏，旁边重爪龙在安静地发呆，有那么一瞬间，我感到了些许凄凉的浪漫。

很快，这种氛围就被打破了。一只暴龙出现在我的眼前，近6米高的身躯托着它的大脑袋从低矮的树枝中穿过，它的眼睛被树叶挠得发痒，却又不得不摆出一副镇定又威武的姿态，又尴尬又可爱。我向它的脑袋后面望去，它背上坐着个男人，正居高临下地望着我们，就像一个父亲看着他的儿子。在重爪龙遍地的托莱多，暴龙就像突然出现在大众"甲壳虫"面前的路虎卫士，体格庞大、马力强劲，霸气的外形和震耳欲聋的嘶吼声即刻秒杀对方，而且驾驶它们的人往往都有一种莫名其妙的优越感，靠近你不为别的，就是想逞逞威风。

面对如此庞然大物，我只得退让，识趣地骑上重爪龙往山下走去。没走几步，那只暴龙就追了上来，它背上的男人侧过脸冲我大喊："嘿，要来赛跑吗？输的请喝啤酒！"我心想这个人该不是疯了吧，重爪龙和暴龙都不擅长奔跑，尤其是暴龙，它又重又大，一旦奔跑速度过快，腿骨很可能会被压弯甚至骨折，从严格意义上来讲，引导或迫使暴龙快速奔跑都应该算是虐待行为了。我虽不想惹是生非，倒也不想助长他的嚣张跋扈。"赛跑就算了，打架怎么样？别看重爪龙的体格比不上暴龙，但攻击力还是挺强的。"我一边提议，一边指指重爪龙的前肢，6把30厘米长的镰刀锯爪像是在宣战，"输了的请喝啤酒，连请一周！"男人犹豫片刻，怯生生地耸了耸肩，一溜烟儿地跑了。

真是虚惊一场，我长出一口气。如果暴龙和重爪龙打起来，输赢不好说，但两败俱伤是肯定的。一旦被租赁中心发现我的重爪龙挂了彩，我就得进黑名单了。此地不宜久留，我加快了前往托莱多内城的速度。晚上7点，我们到达了下榻酒店，服务生把我的坐骑带去酒店专属的重爪龙停放处，给它补充水和食物。我简单吃了点儿东西，很快就睡过去了。

第二天早上5点我便起来了，整个古城还在睡梦中，街上没什么人，有几个环卫工人在街道两旁吃早餐，小声交谈着。我拿着服务生前晚给我的号码牌去酒店的"恐龙宿舍"寻找我的坐骑，发现在一处有水渠和草铺的"豪华单间"里，我的重爪龙已整装待发。

以圣依德方索教堂为中心点向四周辐射，无数历史遗迹被一层层堆积起来，无声地讲述着关于罗马人、摩尔人和西哥特人的故事。我骑着重爪龙漫步在道路崎岖的古城中，上坡下坡，经常在导航地图的指引下走进死胡同。这时，似乎对此早已习惯的重爪龙会灵活地扭动脑袋，迅速转动身体，然后将我带入正途。我不禁想起十几年前的托莱多还是以小型汽车为主要交通工具，在这样的小巷中，一旦有两辆车相对僵持，交通就将陷入瘫痪。

　　再往前遐想，如果重爪龙或任何一种能载着人在山路与河水间自如行进的生物更早出现在托莱多，历史会不会与我们现在看到的不同呢？在西哥特人主宰宫廷的时期，曾有一位尊贵的法兰克公主跨越比利牛斯山和塔霍河上的阿尔康塔拉桥，下嫁到这座小城。公主的勇敢、自由和坚定与天主教派格格不入，很快就被王室打发南下，前往位于西班牙最南部的安达卢西亚。在那个没有公路且交通工具都很原始的年代，这位公主刚穿越北部的半个西班牙来到托莱多，又要穿越南部的半个西班牙去往安达卢西亚，一路上遭了多少罪可想而知。如果那时候能有一只重爪龙带她跋山涉水，这位骄傲的公主是会选择跑路，过自由自在的生活，还是会同她的丈夫一道举起武器，骑在龙背上征战四方呢？

3.4

令人闻风丧胆的马略卡岛霸主

从日本长崎海岸到西班牙托莱多，我已经在外游荡了二十多天。即使无数次告诫自己"慢慢来，这是一场休假旅行"，但我仍会被好奇心牵引，恨不得踏遍每一处历史尘埃。我只希望栖身于僻静的美景之中，没有工作和会议，没有坐骑间的争宠斗殴，也没有奇怪的游客要跟我赛跑。最关键的是，我不想再骑恐龙了。

抱着这样的念头，我将旅行的最后一站定在西班牙马略卡岛，据说那里是地中海的天堂，日长似岁，就连那里的月亮也是缓缓升起、迟迟移动的。为了寻求清静，我没有选择该岛首府帕尔马，而是来到了岛上的一处秘密基地——卡罗穆尔海滩。

淡季的卡罗穆尔幽静得吓人，并不大的海滩上只有我和两三个游客。白天阳光慵懒，把柔软的沙滩和碧色的大海拥入怀中，释放出一片明净。到了晚上，黑暗几乎吞噬掉月色星光，将海面幻化成一块黝黑的镜子，反射出深海的孤寂。背靠悬崖峭壁，我听到从海底发出的哀号，震耳欲聋。

"那是沧龙的声音，想去见识见识吗？"海滩俱乐部的教练又在忽悠我潜水了，"这家伙可是我们马略卡岛的霸主，地球上最凶猛的海洋掠食者，就连加勒比海的巨齿鲨也不是它的对手。"这番话他说了不下一百次。这个狡猾的生意人每天都向我推销一种潜水项目，从最初级的浮潜到深海探险，再到骑着龙王鲸去寻找完整的海神石，今天他又想骗我去深海看沧龙了。

"别吹牛了，沧龙虽然在晚白垩纪称霸为王，但它们在20世纪初就灭绝了。现在的海洋老大是生活在英属海域的滑齿龙！"我终于忍无可忍地揭穿了他的诡计。

"你说的是大嘴巴滑齿龙吗？可以用色彩伪装把自己藏在海洋

沧龙

滑齿龙

里，以便悄悄接近猎物的滑齿龙？我见过它们。"俱乐部教练不紧不慢地说，"我承认滑齿龙是海洋怪兽，但它们跟沧龙比起来就逊爆了。我第一次见到沧龙的时候差点儿没吓晕过去！那家伙像一艘长满尖牙的游艇，张口就能吞掉我整个脑袋。它的尾巴比螺旋桨还大，像鞭子一样甩来甩去，游速快极了。不过，它们的眼神好像不太好。"

"你怎么知道？"沧龙眼睛很大，但视力不好，通常靠嗅觉和听觉寻找猎物。

"当时我离它不远，吓得不敢动弹，眼睁睁地看着它朝我撞过来。我心想这下死定了，跑也跑不过，干脆两眼一闭，祈求上帝保佑。"

"然后呢？"

"然后上帝把我救了。不，应该是旁边的蛇颈龙救了我。那只沧龙从我身前经过，径直冲向蛇颈龙死死咬住，那个场面太血腥了……你知道吗，蛇颈龙最后都没来得及挣扎一下，就活生生地被吃掉了。"教练一改往日推销的油腔滑调，语气变得沉重起来，清晰可见的恐惧在他脸上漫延，"后来我想了想，跟蛇颈龙比起来我的目标太小了，加上我屏住呼吸一动不动，所以才逃过一劫。"

"你在哪儿看到那只沧龙的？"我被他的话洗了脑，越来越相信这个故事。

"就在这儿啊！"教练指着我们面前的海说，"我后来还见过好几次呢，蛇颈龙聚集的地方就能看到沧龙。"

之前我从没见过活着的沧龙，只是通过影像和资料了解它们，唯一一次见到并触摸到沧龙是在实验室里，那还是具尸体。话已至此，我决定尝试这个潜水项目，就算见不到沧龙也能体验一把深海探险吧，来都来了。

蛇
颈
龙

"之前潜过水吗？"教练一边帮我穿潜水装备，一边询问我的情况。

"学过，但是从没实践过，也没下过深海。"

"有意思，既然学了为什么不去？"

"我有深海恐惧症，确诊了，重度。"我穿戴好装备，像傻子一样束手无策地站在那里。

教练并没有被我的病吓到，反而一脸从容地说："别担心，我们坐龙王鲸下去，你老老实实骑在它背上就行。如果害怕呢，就把眼睛闭上。"

乘坐龙王鲸对我来说并不可怕，更算不上什么新鲜事。在国内亚龙湾、三门岛、涠洲岛等地方，乘坐龙王鲸被奉为最值得体验的水上项目。游客乘着它们环岛旅行，也会在它们庞大身躯的庇护下深潜入海，探寻海底世界的奇珍异宝，这种海洋动物早已

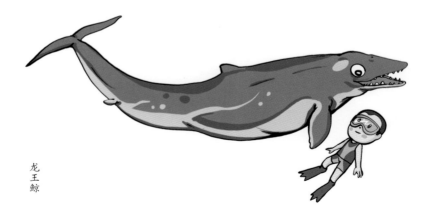

龙王鲸

取代摩托艇、观光快艇等传统工具。而我眼前的这只龙王鲸与国内的相比并没有特别之处，唯独体型大了些，足足有20米长。

在教练的指导下，我双手撑着龙王鲸的颈部爬到它背上。这家伙身体光滑，我稍不注意可能就会掉进海里，只能拼命抱住坐在前面的教练。好在这只龙王鲸游速平缓，背部修长而宽阔，两侧的安全绳将我们牢牢固定住，我们仿佛坐在一艘皮划艇上向深海进发。

患有深海恐惧症的人都知道，即使你做过无数次心理建设，当身体和视野一点点被海水吞没时，一种极大的恐惧感还是会瞬间爆发。我们下潜到水下50米时，窒息和无助感交织向我袭来。在我看来，此时海洋不再是海洋，而是一个深不可测的黑色漩涡，搅得我头晕目眩，全身发麻。我试着调整呼吸，闭上眼睛，但仍

蛇
颈
龙

能清晰地感受到那股深不可测的力量正一点点将我推向漩涡中央。我真是后悔死了，在心里狂骂自己冲动而无能，感觉如果再在海里多待一秒，我必死无疑。

就在这时，教练转头拍了拍我的肩膀，示意我睁开眼睛向前看。

眼前实在没有什么可看的，不过是成片的海神石、叶菊石和五颜六色的藻类，还有很多我叫不上名字的浮游生物。肖尼鱼龙、蛇颈龙穿梭其中：前者像一辆长着尖嘴的公交车，行动笨拙而迟缓，硕大的肚子从身体中间垂下形成球状，感觉里面好像装了几吨石头；后者看上去就矫健多了，四肢位于宽扁的身体两侧，形成两对巨大的船桨，修长灵动的脖子上顶着一颗小脑袋，像蛇一样扭来扭去，显露出一种悠然自得却又智商不高的样子。

肖尼鱼龙

"回去吧！"我向教练示意。这样的景色的确会让潜水爱好者的"蓝瘾"泛滥，刺激大脑中多巴胺的分泌，使他们神魂颠倒。但在深海恐惧症患者的眼里，这些巨大的生物仿佛会跟海洋产生化学反应，召唤出内心的阴影并不断加重，而这又会加剧令人难以忍受的生理反应。

　　教练全然不顾我的恐惧，小心翼翼地用手指了指远处的一片礁石。此时，我和我周围的一切都静止下来了。色彩斑斓的浮游生物收起"外衣"，将身体塞进海草之中；肖尼鱼龙以几乎看不到的速度一点点侧向移动，好像在装死；蛇颈龙停止游动，努力睁大眼睛目视前方。整个海洋的生物好像都得了深海恐惧症，时间凝固，全体僵化。

　　几秒之后，海洋翻腾，躲猫猫的、装死的、装傻的都开始四处逃窜。几十米开外，一张巨大的嘴巴向猎物们袭来，露出巨大

蛇
颈
龙

而锋利的尖牙，途经的枪乌贼、鹦鹉螺一股脑儿被它吸进嘴里，无一幸免。一双大眼睛在幽暗中散发着血光，将目标锁定在一只蛇颈龙身上，宽大的鳍状肢发力摆动，巨大的嘴巴瞬间出现在蛇颈龙身旁，这只蛇颈龙还没缓过神来，它的脖子就被咬成了两段，后半段被一排呈锥状的尖牙碾成肉酱，前半段只剩脑袋和一小节脖子，漂荡在深海之中。

　　真是残忍的画面。我全程目睹了蛇颈龙被杀害的过程，并在这个过程中细细观察了传说中的沧龙。它们果然还存活着，并且活得很好。就我看到的这只沧龙而言，它至少有15米长，身体像一个巨大的桶，肥硕且结实，游动起来毫不吃力，如蛇一般轻松自如。它的头骨强壮，颌部有力，二者共同赋予它的杀伤力令它强于世界上所有其他海洋生物，别说柔软的蛇颈龙了，就算咬碎

沧
龙

沧
龙

巨龟的壳也不在话下。健硕的鳍状肢配备长长的趾骨和宽大的皮蹼，加上强劲的尾巴，使得沧龙拥有出色的速游能力。

通常情况下，爆发力强的海洋生物能在短时间内快速获取猎物，但它们耐力不足，无法长时间追逐猎物。第一只蛇颈龙下肚后，沧龙的四周已经被"清场"，它躲回了礁石暗处，等待第二顿饱餐。此时，我已被沧龙带来的视觉冲击和这场深海惨剧吓得魂飞魄散，教练转头向我示意"该回去了"。早该回去了，否则下一个遭殃的就是我们。

返程途中，我的大脑一片空白，这场探险和沧龙的形象在我的记忆中被撕成碎片，不管再怎么努力回想，也无法构建出一幅完整的图像。若不是手中的摄影机还能正常工作，我完全不可能向你们讲述这个故事。

临别前，俱乐部教练问我，这个经历对于我克服对海洋的恐惧是不是很有帮助，毕竟我见到了比深海可怕千百倍的家伙。我告诉他："并没有，如果可以重新选择，我宁愿从没来过马卡略岛。沧龙是压倒我的最后一根稻草，我的深海恐惧症这辈子都治不好了。"

第 4 章

恐龙的控制与保护

今天，当这个星球上绝大部分恐龙可以与人类及其他生物共存的时候，我们无法谈及整个恐龙种群的生存与延续，更没有能力平均分配资源，确保每个物种都能繁衍万代。大自然有它自己的规律和考量，谁来主宰，谁又该灭绝，并不由我们人类说了算。

　　但是人类对自身、环境、生命的掌控欲越来越强。强迫动物表演、猎杀野生动物、破坏动物栖息地……哪些是利益驱使，哪些又是生存所迫？当暴龙被拔掉牙齿、囚禁在围场任人宰杀，当三角龙的家被夷为平地、改建成机场跑道，当莱索托龙被染成粉色、患上皮肤病……有的人拍手叫好，有的人不知所措，有的人弃之而去。

　　人类社会无法做到让恐龙"顺其自然"地生存下去，但请适可而止，尽可能让它们的生活维持在能够承受的范围内。要相信，自私与贪婪膨胀到一定程度时，必遭反噬。

4.1

镜头下的宠物恐龙和它们的主人

　　周六下午4点，北京三里屯南区人头攒动。一群摄影师蹲守在星巴克门口，手持长枪短炮，肩挎大号背包，眼观六路耳听八方，像猎鹰一样在熙熙攘攘的人群中寻找着目标。突然，一位摄影师快速挪动脚步，举起相机狂按快门，其间还不停地下达指令："姑娘，看这儿！"

　　随着那位摄影师的夸张举动，同行们迅速从四面八方聚拢上来将那位姑娘团团围住，行人们停下脚步，齐刷刷地看向圈里。几乎就在一瞬间，星巴克门口变成了秀场。

　　此时我也在那个秀场上，透过人群隐约看到一位粉色的姑娘——粉色长发、粉色紧身短裙、粉色高跟凉鞋、粉色包包，手里还牵着一只粉色的恐龙。阳光下，一大坨粉粉的东西在人群中缓缓移动，梦幻极了。我看了很久才勉强辨认出那只恐龙的品种，本应是深棕色的皮肤、略带绿色纹路的莱索托龙，如今已被打扮得面目全非。

作为三里屯的"地标"，这些摄影师的眼光愈来愈刁钻，他们不再满足于常规拍摄，转而将镜头对准了那些足够出挑、新鲜的事物，品类奇特或装扮时髦的宠物就是他们的目标之一。从阿拉斯加犬到卡斯罗犬，再到风靡一时的羊驼，摄影师镜头里的宠物模特换了一波又一波，而在2018年，北京出现了为数不多的莱索托龙，这个来自南非的物种又成了他们的新宠。

在野生动物数量与生存资源不匹配的南非，莱索托龙并不稀有。它们凭借良好的敏捷性自给自足，以家庭为单位，生活在有狮子、猎豹、非洲象的危机四伏的环境里。日子并不好过，它们得像羚羊一样拼命奔跑，以躲避大型猛兽的追杀；它们与羚羊为伍却不以其为食，只能不停地用嘴巴切断多肉植物的根部，再把

莱
索
托
龙

160

它们吞下肚；多年来它们没睡过一个安稳觉，随时需要保持高度警惕，以防备鬣狗的袭击。到了炎热干旱的季节，它们终于进入"夏眠"，此时正是恢复体力的好时机，却也是被肉食性恐龙吃掉的危险期。

然而一部分莱索托龙的命运被人为改变了，它们从非洲大草原来到了北京东三环，摆脱"野孩子"的身份，过上了"富二代"的生活。正如那位粉色姑娘的粉色莱索托龙，从牵引背带和它衣服上的商标就能看出绝不是寻常人家的孩子。我猜它每天早上是从松软的蒲团上醒来，整整7个小时的深度睡眠打消了起床气，厨房里摆放着已经切碎的芦荟和应季水果，还有一碗新鲜的蚂蚱。早餐后，它开始上礼仪训练课，在驯龙师的训导下已经能听懂坐下、起立、握手等口令，在旁观看的主人一脸欣慰，把训练视频发到社交平台，并配文：南非来的恐龙训练师就是厉害，每月5 000元人民币贵是贵了些，但值！

除了懂得礼仪，作为一只来自富家的莱索托龙还得掌握社交技巧。

走过三里屯南区的秀场，往北几百米就是一块铺满草坪的小广场，那里原本是一家建筑公司的花园，现在已成为莱索托龙的"朋友圈"。在那里，住在附近的莱索托龙聚在一起，打着交朋友的幌子炫耀在家学会的礼仪，有的甚至掌握了接飞盘的本领。同时，从南区尾随而来的摄影师们举起相机一拍就是半个小时，有的作品被宠物网站和杂志买下，有的还上了封面。恐龙不理解当模特上封面的意义，在它们看来，吃饭才是世界上最重要的事，但它们的主人并不这么认为。

为了让自家宠物在镜头前脱颖而出，自己也能跟着沾光上一次杂志封面，莱索托龙的主人们下足了功夫。他们不断加强训练难度，除了起立、坐下等基本动作，他们甚至要求自己的恐龙可以像人类一样直立行走。莱索托龙虽然体态轻盈，身体结构表现出良好的平衡性，但从侏罗纪以来，它们的祖先就像其他鸟臀类恐龙一样，以后肢和尾巴支撑身体，头部和颈部平行于地面行走。突然让它们呈90度直立前行，不仅会破坏它们身体的稳定性，颈椎和臀部受力不均还可能导致肌肉损伤，甚至是瘫痪。换成让人类长时间四肢着地爬行，不仅会导致身体上出现不良反应，心理上的耻辱感更是难以抹去。

曾经有只莱索托龙在训练时受了伤，而医生在治疗过程中不小心损伤了它的声带，导致它再也发不出"嘤嘤嘤"的叫声，而是发出了一种极其痛苦、扭曲但像人类幼儿喊"妈妈"一样模糊的声音。一段恐龙喊"妈妈"的视频被发到网上后，许多恐龙的主人们瞬间开始跟风，他们用尽一切手段让自家的恐龙也喊自己一声"妈妈"。没人关心事情的原委，他们只觉得这种叫声太可爱了。让恐龙说人话，如此荒唐的事情竟成了时尚，真是可笑！

除了加强自身修养和苦练技能，莱索托龙的外形也是主人们的关注重点。在恐龙界，棕绿色皮肤太朴素了，即使它们头颅短小，长了一张瓜子脸，拥有一对欧式双眼皮和深邃的目光，也无法与那些色彩靓丽的恐龙媲美。莱索托龙进化到现代基本上已经是秃子了，但对于如何让一只秃子变美，恐龙美容院深谙其道。

在北京，专业的恐龙美容院有数十家，主要业务是洗澡、驱虫和洗牙。目前针对莱索托龙的美容项目有两种：一种是植毛，另一种是染色。前者的原理类似于无痕接发，利用透明胶水衔接恐龙身上的绒毛，另一头衔接鸟类或其他动物的羽毛，颜色可定制，需定期"补发"和替换。只要胶水材质过关，这种美容方式对莱索托龙的身体伤害不大，但容易滋生跳蚤，增加清洁成本。另外莱索托龙怕热，接种的羽毛太厚重会让它们喘不过气来，敏捷度会有所下降。

因此，主人们通常会选择第二种项目——染色。简单来说，就是把一种特殊的颜料涂在恐龙皮肤上，再通过加热、烘干的方式增强色彩持久度。这么做不会滋生跳蚤，也不会增加恐龙的身体负重，但会对它们的皮肤造成伤害：轻则过敏，褪色后打几针就能痊愈；重则患上皮肤病，从小面积红肿发展到全身溃烂。那只粉色的恐龙就是通过染色"改头换面"的，它和它的主人在镜头前抢尽了风头，看客们却不会知道这背后付出了多少代价。

纵观历史长河，人类因肤色问题受了太多委屈和排挤，即使那层壁垒真的被打破，又有多少人能做到对出现在身边的不同肤色的人摒弃成见，公平相待？更何况是恐龙。生活在大草原的莱索托龙靠一身绿衣藏匿于植被中，得以在凶险的野外保住性命，这身与生俱来的皮肤不仅是它们的保护色，还是它们融入同类的标志。试想，当一群莱索托龙在草原上觅食，突然有一只粉色的家伙走来跟它们问好，它们可能不会对其评头论足，但短期内甚至一辈子都无法接纳它融入自己的圈子，不会给它分食物，不会与它并肩作战，更不会在猎豹袭击它时挺身相助。

回到北京东三环，这只粉色的莱索托龙或许不需要同类的帮助和保护，但事实是，没有恐龙愿意跟它一起玩，有的还会上前挑衅，用粗壮的尾巴甩它一个大嘴巴。对此，恐龙的主人，那位粉色的姑娘并没注意到，她全身心投入在摄影师的镜头下，看似不经意地摆着各种造型。被霸凌的孩子很少对父母讲述自己的痛苦遭遇，况且恐龙连人话都不会说。

有人问我，当时为什么不去劝劝那位姑娘，救莱索托龙于水火之中？实不相瞒，我劝过无数饲养恐龙的人注意这注意那，苦口婆心却总是换来一句"多管闲事"。三里屯往北有个街区叫幸福三村，住在那里的恐龙相当潇洒，大部分时候它们出门遛弯儿是不用拴绳的。一方面由于那条街比较清静，少有车辆行人；另一方面，它们的主人对自家宠物有种莫名其妙的自信。

我曾经在幸福三村看到一个老奶奶带着她的恐龙遛弯儿，同样是一只莱索托龙，看上去还没成年，披着一件红色外套，指甲被染成了香槟色。我劝她拴绳，这恐龙跑得快，打扮得又太过显眼，容易被龙贩子盯上。老奶奶反倒一脸轻松，说："这恐龙可是我儿子从非洲买的，可聪明着呢，丢不了。"她还说我危言耸听，接着跟我探讨恐龙贩子是否真实存在以及这个职业的发展瓶颈。没几天，我就在幸福三村看到了一份《寻龙启事》：绿色莱索托龙，4个月大，走丢时身穿红色披肩，失主愿以10 000元人民币赎回。

在恐龙贩子眼里，打扮漂亮的稀有恐龙可不止这点儿钱。吃惯了山珍海味想尝尝稀有恐龙肉的人、喜欢收集漂亮恐龙尸体制作标本的人、穿梭于黑市重金收购莱索托龙的人……无数双眼睛虎视眈眈地盯着呢。遛龙要拴绳，这话说了100次也没一个人能听进去；保持恐龙该有的样子，拒绝过度美容，又有多少人放在心上呢。

受利益驱使和虚荣心加持，恐龙美容成为一片蓝海。染色并不常有，美甲、尾巴脱毛的恐龙倒是屡见不鲜。据《国家恐龙宠物白皮书》数据显示，2018年恐龙美甲的市场规模达到9 000万元人民币，同比增长21%，全国有恐龙美甲店2 000余家，相关从业人员超过30万。这个市场还在不断向大众渗透，无论男女老少，近7成主人给自己的恐龙买过甚至有人是定期购买美甲服务，超过90%的女主人对恐龙有美甲的需求。

美甲不会对恐龙造成肉体上的伤害，但这和染色一个道理，

始盗龙

有些恐龙在心理上无法接受。比如伤齿龙和始盗龙，它们凭借尖锐的利爪叱咤风云，指甲是它们的武器，也是自信的来源，在人家的武器上涂抹乱画未免太不厚道，严重点儿说，这其实是一种赤裸裸的羞辱。

所以啊，不管是养恐龙还是养其他宠物，出门遛弯儿，请一定要拴绳。再者，应该尽可能维持它们原有的样子，人类眼中的"漂亮"，并不是所有宠物都认可并愿意接受的。

4.2

野生暴龙的生存现状

    几年前，一个加拿大女孩去南非参加志愿者项目，在当地的狮子"收容所"照顾几只刚出生的小狮子。每天，她将它们拥入怀中，用奶瓶喂食奶粉，给予它们温柔的抚摸，直到小家伙在她怀中入睡。与其他被"收养"的狮子一样，它们脱离了残酷的野生环境，在人类的关照下健康成长，兽性渐失，逐渐建立起对人类的依赖和信任。

    女孩在假期里完成了志愿者工作，但她回国后得知，这些狮子长大后将被送往困猎场，供人类猎杀取乐。女孩在网上发起募捐行动，用赎金救回了其中一只小狮子，但其他狮子仍将面临残酷的命运。

    困猎项目兴起于南非，风靡富人圈。他们将动物围困在一个无法逃脱的封闭场所，用猎枪或弓箭虐杀它们。之所以称其为

"虐杀"，是因为组织者会向动物们提前下药，以提升命中率。有的狮子连挨数枪都无法毙命，只得在痛苦中煎熬，直至流血过多而亡。

起初，困猎项目的动物以狮子、老虎为主，根据猎杀目标的体型和健康状况，参与该项目的价格从5 000到50 000美元不等。客人们会在社交平台炫耀自己的"战利品"，通常是狮子、老虎的一颗牙齿，以此享受杀戮的快感和无限荣耀。随着这项野蛮运动的扩张，越来越多富人的家里摆满了狮子、老虎的牙齿。对他们来说，猎杀这类"小动物"不再是新鲜事。怎么才能获得更刺激的体验呢？多年之后，他们将枪口对准了更强大的家伙——暴龙。

为什么是暴龙？

早在8 000万年前，暴龙就站上了食物链的顶端，成为最凶残的掠食者之一，其体格的强壮程度颠覆人类的想象，同时还拥有

暴龙

比大部分恐龙都聪明的头脑。暴龙的演化史堪称地球"奇迹"，经过一亿多年的发展，它们从森林"弱鸡"变成恐龙之王，几乎能够击杀一切狭路相逢的猎物，就连头骨强大而坚硬的三角龙也难以抵挡它们的撕咬。

中生代的大部分肉食性兽脚类恐龙都有刀刃般锋利的牙齿，但这些牙齿并不牢固，碰到坚实的骨头容易折断。但暴龙不同，它们进化出了锋利且结实的牙齿，加之强大的咬合力和颈部肌肉，这口巨齿可以说是攻无不克，足以咬穿猎物的厚皮。狮子在攻击斑马时会狠狠咬住斑马的颈部，其咬合力可达 4 000 牛顿；能与暴龙一较高下的异特龙，咬合力能达 9 000 牛顿。而暴龙的咬合力则高达 60 000 牛顿以上。

暴龙的牙齿犹如巨型匕首，锋芒中透着杀气，是力量与权威的象征，收藏价值远远大于象牙。而与大象的命运不同，暴龙并没有受到保护，包括它们的牙齿。曾经有一对来自北美的夫妻在旅途中偶遇一只快要饿死的暴龙，狩猎经验丰富的他们习惯性地进入战斗状态，用尽浑身解数将那只暴龙送下黄泉，掰开它的嘴巴，锯下一颗颗近 20 厘米长的牙齿。这些牙齿图片被发到网上后迅速引起了人们的关注，尤其是一些有钱人，他们纷纷出高价购买，最高出价达数万美元一颗。

困猎组织嗅到了新的商机，推出了"暴龙游猎"项目。花同样的钱，参与者不仅能获得暴龙的牙齿，还能亲手猎杀暴龙，享受站在巨龙头上的快感。

杀死一只暴龙远没有杀死一只狮子或老虎那么简单。它们庞大而敏捷，身长近14米，身高是成年人的3倍，最重的有14吨左右，同时它们的肌肉如同钢筋水泥，普通猎枪很难穿透。

研究发现，暴龙脑内处理气味的嗅球神经异常发达，即使听力和视觉受损，它们也能通过强大的嗅觉感知周遭环境的变化。因此，饲养者对它们进行了"手术"，砍断它们连接大腿和尾巴的肌肉，这块肌肉是暴龙前行时的动力来源，它们通过向后拉动大腿骨以产生强劲的力量，令暴龙得以快速奔跑。肌肉受伤不会影响它们的行动，但速度会大大减缓，时速50千米的传说永远停留在了白垩纪。

经过"手术"，这些庞大的家伙们终于可以上战场了。这时它们与其被称之为暴龙，不如说是相貌、体格形同暴龙的小马驹，早已丧失了祖祖辈辈积累下来的生存本领，内心柔软，视人类如生母。刚走出牢笼，还来不及看清这个世界，它们就被一阵枪林弹雨吓得四处逃窜。本来远远闻到人类的气味的它们还以为远处是长期照料自己的饲养者，正要奔向对方的怀抱，却没想到那些人举起长枪，几十枚子弹穿过阳光和树林，穿过数年相互陪伴的光阴，最后穿过了暴龙的脑袋。

当然，不是所有暴龙都会遭遇厄运。在网络搜索暴龙关键词，紧跟在"如何杀死一只暴龙"词条后的是"如何饲养一只暴龙"。

在很多国家，无论是饲养还是猎杀野生暴龙行为都是法律的"真空地带"，尤其是在美国，有数据显示全美人工圈养的暴龙有2 000多只，其中90%以上来自私人饲养。

相比植食性恐龙，肉食性恐龙的饲养难度和成本要高得多，更别提陆生掠食者暴龙了。把它们当宠物养需要强大的经济实力。

首先，要有广阔的私有土地供它们居住和奔跑，至少得有一个足球场那么大。这块地可以没有草坪和树木，但要种上暴龙熟悉的植物，让它们有"回家"的感觉。植物首选苏铁、银杏、猴谜树和卷柏。其次，暴龙的肠胃受不了粗纤维和低能量的植物，它们爱吃三角龙、包头龙等大型植食性恐龙，如果无法提供它爱吃的这些恐龙，最好以牛羊等大型动物替代，鸡鸭鹅这些家禽对暴龙来说实在太小了，不是很好的选择。

最后也是最重要的一点，暴龙怕冷，在寒冷的季节要为它们准备御寒的外衣。它们全身表面只有头部保留了一小撮羽毛，其余部位只剩光秃秃的皮肤。即使一年只给一只暴龙备4套衣服，也要消耗80件成人衣服的用料。暴龙在10岁之后进入快速生长期，每天体重增加4斤以上，喂得好的长势更猛。直到20岁，它们的生长速度才放缓，体型基本能保持在一定水平。估算下来，一只暴龙一年要用掉320件人类衣服的量，即使用最粗陋的材料，也要花费3万元人民币，而在所有饲养成本中，衣服的消耗其实是最小的。

有人算过一笔账，一只暴龙一年的饲养成本在120万元人民币左右。除了衣服花费，还有每年至少35万元的伙食费、20万元的房间维护和植物费，就算在城郊租个5万平方米的场地，少说也得60万元。另外，暴龙得单独饲养，如果让它与同类聚在一起，肯定引发大规模的杀伤事件。

很多人没有认清状况就草率地将野生暴龙宝宝带回家，但暴龙消耗如此巨大，又难养，过不了几年主人就被折磨疯了，不得不把它们扔给当地警察局，有的暴龙被直接丢在大街上。警察隔三岔五就会接到暴龙被遗弃的报案，可他们既没有工夫也没有责任照顾这样的大家伙，最后又把它们送到了困猎场。

也就是说，困猎场的暴龙有一部分是先被主人在家中饲养，然后又遭到遗弃的。这种情况其实更残忍，它们是先体会到了人世间的温暖、看到了灿烂的阳光后才被打入死牢，面对人类突然翻脸，心理落差太大了。在没被送进困猎场的暴龙里，有一些运气好，可以去恐龙保护机构等待领养，有些则经历了完全不同的命运。

意大利罗马的卡拉卡拉浴场原本是一个公共澡堂，占地13万平方米，能同时容纳2 000人洗澡，后来遭到了查封并被人为破坏，浴场停用废弃，成为罗马的观光景点之一。如今，每天有上百名游客悄然聚集于此。他们在内部人士的带领下从建筑侧方的暗道进入地下场所，在里面一待就是大半天。这些人当然不是去洗澡的（如今这里也不能洗澡了），也不是观赏斗牛，而是去围观一场暴龙的表演赛。

在这个地下场馆里，10多条200米长的跑道并列划分，中间布满高低不平的障碍物，跑道一头是一群好几天没吃饭的暴龙，另一头是一头牛。暴龙站成一排，在起跑线上整装待发，随着一声枪响，它们拖着粗壮的后腿、甩着短小的前臂奋力奔跑，冲向跑道尽头那头可怜的牛。

在食物面前，饿过头的暴龙失去了理智，它们不顾地势险恶，将所有力气放到腿部和尾巴上，一次次撞向障碍物，摔得鼻青脸肿，又一次次站起来继续前行。暴龙是能跑，但相比体型轻巧的奔跑型恐龙来说，奔跑并不是它们的强项，加上长期挨饿、体力不足和脚下凹凸不平的地形，这样的运动会损伤暴龙的肌肉，甚至导致它们骨折或瘫痪。

然而，并不是跑到终点就能吃到牛。为了提升比赛的观赏性和刺激性，人们在跑道终点前5米设置了一道高大的铁制围栏，只有跑得最快的两只恐龙可以享受猎物，其余的会被遣送回终点继续比赛。有时，两只跑赢的暴龙为了独吞猎物还会大打出手，又为观众献上了一场免费的斗殴表演。

每天有五十多只暴龙在这里疲劳地奔跑，有的甚至耗尽体力累死在赛道上，伤势严重的则会被直接拉到恐龙乱葬岗，自生自灭。花钱看比赛的人可不管这些，在他们眼里，甩着小短手卖力跑步的暴龙又傻又萌，根本不是什么巨型猛兽，只是供人类消遣娱乐的工具罢了，而这种工具带来的视觉盛宴可比斗牛好看多了。

据世界恐龙保护协会统计，每年有30%的暴龙丧命于地下比赛和困猎项目，其中被家庭贱卖或遗弃的占40%。暴龙的确凶残，它们的存在威胁着其他野生动物、家养哺乳动物和人类的安全，以至于动物保护条例规定人类可以适当猎杀暴龙，以寻求生态平衡。所以今天，我们不谈保护野生暴龙，它们根本不需要被保护。但是，请给予野生暴龙基本的生存条件和生命尊严，无论猎杀还是控制生存数量，我们都不该以戏谑的方式结束一个生命。

4.3

与恐龙有关的交易

2019年8月，巴西亚马孙雨林燃起一场"世纪大火"。近一个月里，9 250平方千米的热带雨林化为焦土，原住民和数以千计的动物流离失所，大火释放出的浓烟蔓延至大西洋海岸，下午4点的圣保罗上空烟雾遮天蔽日，犹如黑夜。

与往常一样，在这一片黑暗中，大部分当地人选择"视而不见"，他们望着熊熊大火畅想未来，希望在这片土地上放牧耕种；他们坐等火灭，再在这片土地上开采金山银矿；他们会建起土法炼钢用的小炭窑，依靠农业和矿产出口换取对于工业化发展至关重要的煤炭。而在黑暗的另一头，有人冒险闯入火海，在滚滚浓烟中寻找并营救一种稀有恐龙，然后将其安置到安全的地方。

生活在亚马孙雨林的恐龙有数十种，有剑龙、梁龙、钉状龙等植食性恐龙，也有异特龙、近鸟龙、单脊龙等掠食者。它们在一望无际的绿色迷宫中繁衍生息，与其他动植物协同进化，人类偶尔有机会目睹其尊容。除了这些较为常见的恐龙，这片热带雨林中还隐藏着为数不多的覆盾甲龙类，它们个头中等，以低矮的植物为食，行动迟缓却能利用身上的装甲藏身丛林、抵御攻击，它们就是鲜为人知的肢龙。选择"奋不顾身冲进火海"的人将肢龙从火场里救出，其行为被媒体放大褒扬，其目的却不为人知。

要不是这场旷日持久的大火，肢龙定不会放弃家园跑出雨林。它们有的在逃命过程中被烧死，有的因吸入大量浓烟而窒息，也有几只侥幸得救，却被送入了恐龙屠宰场。

进入恐龙屠宰场后，人们会先对其注射麻醉剂让它们昏睡，随后朝它们的头部、颈部和腹部开上几枪，再用电锯和利刃剥下它们的皮，加防腐剂后再用真空袋打包，最后装箱上船。数日后，

肢
龙

肢龙皮就能送到雇主的手里。整个过程中肢龙感受不到任何痛苦，行里人称之为"人道主义屠龙"，买家们也愿意为此多花一笔麻醉剂的费用，以减轻获取肢龙皮的负罪感。

2015年，世界恐龙协会将肢龙列入珍稀恐龙名单，禁止任何理由和形式的屠杀交易。法令颁发的第二天，肢龙就成为恐龙屠宰场的抢手货，一些富人和收藏爱好者认为，既然肢龙如此珍贵，那自己必须得拥有一只。确切地说，他们要的不是肢龙本身，而是它们那层皮带来的尊荣和其他附加值。

肢龙的皮肤纹理有些像孟加拉虎，一袭深棕色包裹全身，而且遍布黑色花纹。而比老虎皮更气派的是，肢龙的皮肤外层覆盖着多排角状骨质，结实而锋利，像尖刺一般，足以崩断肉食者的牙齿。曾有一段时间，家中挂上一张肢龙的皮是富贵的最高象征，有些人会选择低调一些，用肢龙皮制成吊坠悬于脖颈，不经意间显露贵气。一张肢龙皮被挂在客厅里之前，还得经过几道制作工序——驱虫、干洗、染色、烘干，有的还会根据买家要求制成不同形状和尺寸的工艺品，剩余的部分被黑市回收，再次贩卖。

在亚马孙雨林获取一只肢龙最少要花费5 000美元，但买家要付出近20倍的价钱购买，中间的差价甚至多被用于贩毒、制造武器和恐怖活动。中间商垄断了热带雨林半数以上的资源，势力范围覆盖全球80%的恐龙黑市，商铺数量达数万家。

恐龙黑市上的交易品除了肢龙的皮，还有从它们身上切割下来的巨型前肢。肢龙前肢的掌部宽大而强健，并生有蹄状的爪，爪子外层长着角质套，整体镶嵌在粗厚的皮囊下。坊间流传，吃了这样的恐龙肉可以强身健体，将爪子磨碎后食用更能够治疗风湿，其功效堪比一次性啃食十多根牛骨。商贩们把肢龙的各部位按功效分类包装，更根据新鲜度、分量不同分别定价，平均500克售价近1 000美元。通常，一只刚宰杀的肢龙能在半天内售完，来客哄抢，却不会有人花时间去证实它的真实疗效。

半天售完，这在黑市里不足为奇，比肢龙销量好的恐龙比比皆是。以冰脊龙为例，它们的头冠刚切下来就会被人买走，有时来者众多，还得就地组织一场拍卖会，出价最高者才能买到。这种恐龙的脑袋上长有横向骨质，在顶部形成一个卷曲的头冠，色彩鲜明，宛如细碎的波浪，整体看有些像猫王的发型，所以也被人们称为"猫王龙"。冰脊龙的头冠没什么肉，全是大块的骨头，据说吃起来苦涩难咽，但有极高的观赏价值。不知道从什么时候起，开始流行把冰脊龙的头冠镶嵌在水晶制品中，做成杯子或碗盘，把它们的眼睛挖出来点缀在银饰之上，做成耳钉或项链。除此之外，冰脊龙再无任何价值。

恐龙黑市中的商贩分属于不同的利益集团，各有各的地盘和背景，虽没有明说，但大伙儿都在自家领地抓龙杀龙，谁都不越界。侏罗纪时期，冰脊龙生活在南极洲少数没被冰层覆盖的山脉，当时的南极大陆更接近赤道，气候温和，遍地都是繁茂的森林。

时过境迁，冰脊龙追随阳光来到澳大利亚，在那里的森林和平原上建立家园，它们是极少数从南边北上的恐龙族群，被称为"迁徙之星"。冰脊龙子孙满堂，在当今恐龙界算不上稀有物种，而它们全身上下皮糙肉少，也没什么食用价值，如果想以此获利，必须拿出绝无仅有的卖点。当地黑市商贩非常聪明，他们找前卫艺术家合作，以冰脊龙的头冠和金银珠宝制成艺术品，打着"迁徙之星"的旗号把艺术品高价卖给有钱人。加上冰脊龙生性残暴，难以捕获，很快这种冰脊龙艺术品便风靡全球。

明眼人都知道，把公鸡的头冠割下来涂上颜料也能达到差不多的效果，真正昂贵的是那些价值连城的金银珠宝（当然，我也不提倡为了制作莫名其妙的所谓艺术品而残杀公鸡）。但是正如上面所讲，商贩背后有不同的利益集团，且界限分明，巴西的盗猎者不能买张机票跑到澳大利亚猎杀一只冰脊龙，他们要么等待冰脊龙自己跑到亚马孙雨林，要么在自己的地盘上开发新产品，搞营销。

经过多年努力和打磨，肢龙的皮终于问世，商家的营销手段与冰脊龙的头冠大同小异，只要故事讲得好，渠道铺得广，不愁没人买账。从产品制作上来讲，肢龙比冰脊龙更好获取，因为它们性情温和，头脑简单，一场大火就能逼其现身。随着近些年亚马孙大火越烧越旺，肢龙的存活数量逐年下降，市场价值则随之提升。

恐龙黑市上的大部分产品只是昙花一现，肢龙的皮、冰脊龙的头冠畅销几年便无人问津，而食用恐龙肉也备受诟病。明面上，向黑市撒钱的是世界上极少数的富人，他们为炒作出来的价值买单。实际上，支持黑市运营的源泉却是众多普通百姓，他们是在为自己的信仰买单。

二十多年前的印度尼西亚托拿加，在热带雨林中的小村庄里，当地人正在举行一场全世界最为夸张和惊悚的葬礼仪式。托拿加人相信，死亡不是生命的结束，而是一个人通往来世的开始，为了让这个过程进行得更为顺利，他们要为死者举办一系列的仪式，其中最重要的一环就是祭杀水牛。而且普通水牛是不够的，他们会通过决斗选出最强壮的那头，之后再杀了它为死者献祭。

托拿加的这个习俗颇具盛名，至今已流传百年，每年为葬礼消耗的水牛有一万多只，数量不够的时候还得从其他地方进口。不知道是水牛供不应求还是有人故意怂恿，二十多年前的某一天，托拿加人的祭祀品中多了一个物种——肿头龙。肿头龙与有角和

肿头龙

头饰的角龙类有亲缘关系，它们的头骨是其他恐龙的20倍厚，是这个星球上最为神秘的物种之一。肿头龙的头冠由数十个尖刺组成，也会做出和水牛一样的撞头行为，长有4根脚趾的强壮后肢支撑了它们的全部体重，力量比水牛大多了。综上所述，当地人认为，肿头龙的加入应该能优化死者进入来世的过程，效果比水牛好。

　　二十多年来，几十万只肿头龙从全球各地被运到托拿加，死在这片热带雨林中。它们的价格是水牛的3倍，一只从6 000到1.2万美元不等。在当地人的认知中，祭祀品的数量越多，死者从今生走向来世的速度就越快，于是家属会舍得一掷千金，但最终这笔巨款到底进了谁的口袋，人们不得而知。

　　托拿加以西，西非共和国的一个城市里正在举行另一场仪式——全世界最大的巫毒节。这座城市因巫毒而出名，1 200万的

畸齿龙

副栉龙

人口中有一半人都会某种形式的巫毒。巫毒节庆典上，一个人手握匕首，划伤一只始盗龙，然后用嘴巴叼着它的身体疯狂摇晃，这个场景吸引了大量游客，他们围在四周观赏，用镜头记录自己的好奇和惊讶，却没有人去探究这种仪式的用意是什么。

　　距离庆典地几公里之外有一个恐龙黑市，专门为巫毒从业者提供仪式所需的材料。烈日下，各种各样的恐龙和它们的器官散发出浓烈的气味，人们穿梭其中，翻找心仪的商品。这里几乎是一个大型的恐龙博物馆，琳琅满目，商品之丰富颠覆想象。布拉塞龙的长牙、畸齿龙的鬃毛、副栉龙的头冠、喙嘴龙的翅膀骨架，细心的话你还能找到刚出生没多久的鹦鹉嘴龙头骨。在他们的信仰里，把想要诅咒的人的名字写在某种幼龙的头骨上，然后念咒，那个人将陷入万劫不复之地；对着埃德蒙托龙轻声念出敌人的名字，就能把敌人变成哑巴。总之，每一种残忍的道具

喙嘴龙

都有不同的用途，使用形式和目的有的令人毛骨悚然，也有的让人啼笑皆非。

扯远了，还是让我们回到亚马孙雨林，说说猎杀肢龙的人吧。

漆黑的房间里，夕阳从一扇小窗照进来，盗猎者借着微弱的光伏坐在床榻上，一手攥着400美元，一手抚摸着卧病在床的妻子。门外，4岁的女儿蹲在地上用树叶摆出各种动物的形状，嘴里唱着父亲教她的儿歌《吃不饱饭的人更坚强》。这400美元是恐龙屠宰场给他的工资，包括刚刚猎杀肢龙的奖金。这些钱原本能够支持他们一家大半年的生活，但给妻子看病要消耗掉工资的三分之一。不能眼睁睁地看着这个家被饥饿和疾病拖垮，他必须再干一场。

生命的价值无法衡量。一面是被视为珍宝的物种频频被猎杀，一面是一家人的生存困境，旁人能判断猎杀行为是否正当吗，又

埃德蒙托龙

有什么资格判定谁该活下去呢？如果这些生活在热带雨林中的家庭能拥有更多的工作机会，将角色转变为城市建设者、动物保护者，不再为生存去猎杀无辜，那么，他们的世界是否会是另一番新天地？

4.4

保护野生恐龙

化石证据表明，地球在46亿年演化史中一共经历了5次大灭绝，其中至少有90%的物种在这些大灭绝中消亡。自然界不断出现新的生物，物种根据优胜劣汰的自然法则演化和发展，直到人类出现。

人类出现以后，开始对原始生态产生影响。工业革命以前的很长一段时间，大家只管吃饱肚子、适应环境，闲暇时搞搞文艺创作和科学研究。较大规模的农耕畜牧或者局部的连年战火，对整个生态所产生的影响也不大。工业革命之后人类文明生产力大幅提升，人们毁林开荒、排放废气、制造毒物和垃圾，加速了对世界的改造。环境污染随之而来，大面积森林和动物栖息地被迫为工业发展让路，首当其冲、失去家园的动物就包括野生恐龙。

2000年年初，我受邀前往美国新墨西哥州的国家森林公园，那里被改建成为全球最大的三角龙栖息地，位于阿拉莫戈多和拉斯克鲁塞斯之间。前者覆盖世界首枚原子弹发射地，后者毗邻白沙导弹试验场。哥伦布到达美洲之前，这里生活着数百万只三角龙，它们群居在一片从东向西逐渐攀升的辽阔平原，背靠落基山脉，倚傍科罗拉多河，以低矮的植物和菌菇为食。那时候这片土地上还生活着黑熊和野狼，它们对于三角龙这种庞然大物只敢远观，加上饮食差异和孤僻的性格，对三角龙够不上什么威胁。能勉强与三角龙抗衡的是牦牛，牦牛同样拥有厚实的身材和坚实的皮肤，头大角粗，擅长团队作战，但它们只敢以大欺小，动不动就合起伙来围殴刚出生的三角龙宝宝。然而，施暴者的下场却相当惨烈，它们往往会被两根一米多长的尖角和一口剪刀般的牙齿撕咬得血肉模糊，运气好的能死里逃生，点儿背的直接丧命。

在动物界，三角龙是唯一在字面意义上集矛与盾于一身的家伙，长角用于攻击，实心骨构成的棘突用于防御。哥伦布到来之

三角龙

前，三角龙被印第安人奉为神兽，人们在安全距离外建造土房、种植农作物，有些部落还专门为它们修建祭坛。几百年来，三角龙和印第安人保持着一种和平共处的关系。

1521年，西班牙人来抢地盘了，在占领位于今墨西哥的阿兹特克帝国的首都之后，他们一路举兵将殖民地扩张到了现在的美国中南部。印第安原住民沦为社会最底层，有的卖身为奴，有的起义反抗。之后几十年里，西班牙人和印第安人的拉锯战就没消停过，连年战火使得土地寸草不生，河流浑浊，空气中弥漫着硝烟和腐烂的味道，连呼吸都变得困难。在旁观战的三角龙动了离家出走的念头。

按理来说，人类之间的战争不关恐龙什么事，无论打得多狠也威胁不到它们的生命安全。导致三角龙迈出迁徙第一步的，是人类对财富的执着，传说中埋藏在地底下的金矿成为西班牙人一路向荒凉地带进发、不断开采的主要驱动力。

为了寻找储藏在这片土地下的黄金和贵金属，人类开始在这块贫瘠的土地上大建工程。动工之前，要先赶走碍事的三角龙，怎么赶呢？有人提出释放毒气把它们熏跑，但试验效果甚微，最后还把自己呛得头晕眼花。有人建议大规模屠杀，但凭当时的武器实在做不到对三角龙一击致命，如若撕破脸正面开战，只能是杀敌一千自损八百。最后，一个名叫沙朗的人想出个妙招，先放火烧尽三角龙赖以生存的植被，再用食物引诱它们去其他地方，

最后在开采地周围建起石砖高墙，形成一个封闭式的作业空间，到时候，三角龙想回也回不来了。

如此数年，这片土地上再无三角龙的立足之地。三角龙的头领们算是识趣的恐龙，看着人们每天从半米高的石墙缝中钻进钻出，累得半死只为那点金子，它们摇了摇头带着族群走了。

随着南北战争爆发和淘金浪潮，这里及周围的地区逐渐热闹起来，越来越多人涌来寻找金山银矿，立足后则开始修建房屋、教堂、铁路，发展水利工程。与此同时，三角龙却在迁徙过程中四面受敌，两侧是浩瀚荒漠和万丈悬崖，前方森林里是残暴的肉食者王国，一个个张牙舞爪警告它们"别过来"，后方平原上是武装愈发强大的人类世界，一个个端着武器劝说它们"别回头"。多年过去，三角龙回想起往事仍然唏嘘不已，它们自觉强大却又无能为力，整个家族四分五裂，四处飘散，成为名副其实的"美漂"。

百年之后，在当地政府和恐龙保护协会的努力下，三角龙终于回来了，回到新墨西哥州首府以南的三角龙栖息地，距离它们的老家仅几千米的地方。当地土地资源有限，三角龙之家不及异特龙的辽阔，也比不上夜翼龙的奢华，但好歹也享受了独门独户的待遇。栖息地里种植着成片的芦荟、韧锦和花牡丹，四周遍布矮松和火焰草，供护林员行走的石板小路上偶有蓝舌蜥蜴快速爬过。为了丰富三角龙的饮食，人们还在这里种了绿辣椒，当然三角龙吃不吃得惯就不好说了。房子再小也是家，三角龙对眼前的一切极为珍惜。一只较为年长的三角龙用牙齿剪下火焰草的颈部细细品味，口感微苦凉爽，就着一股从落基山脉吹来的风，老前辈向同伴们发出信号：没错了，这就是家乡的味道。

　　历经周折，分散在美国的大部分三角龙被引领到这片栖息地，到2000年，新墨西哥州的三角龙达1.3万只，占全球总数量的77%。随着各地的三角龙不断移居至此、繁衍生息，没几年后，这片家园就变得拥挤不堪，连出门上个厕所都得侧身而过，恐龙保护协会开始向当地政府申请扩建园林，结果反而适得其反。

　　新墨西哥州的重要经济来源之一是农业，出口花生、棉花、马铃薯等农产品。这里自然资源富足，但仍然有近四分之一的居民无法达到小康生活水准，失业率排全美第三。为了解决就业问题，当地政府大力发展工业和对外贸易，开矿采油，冶炼贵金属。考虑到要把这些产品销往全球，政府又征用大量人力和土地发展运输，森林里开辟了铁路，三角龙生活的平原也要被改建为机场。

当然不是全部改建，三角龙的家园只被征用了一部分土地用于修建军用机场，不过这一小步的退让也足够让人头疼了。2000年，我刚到新墨西哥州就目睹了一场闹剧。新建机场的跑道上，几十个大兵手持重型机枪严阵以待，后方装甲车坐镇，上空直升机盘旋，他们要对付的不是别的，正是两只成年三角龙和它们的宝宝。恐龙保护协会的几名成员挡在前面，一手拿着芦荟一手举着长杆，连哄带骗地将它们引出机场，再开着大卡车把它们牵引到栖息地内。

听保护协会的同行说，军用机场建成后，这种状况已经发生几十次了。原因很简单，打个比方，三角龙的家原本是3室2厅2卫，却被机场占用了一个卧室的面积，扩建后，又被抢走了一个次卫。而在占领之前，人类甚至没跟三角龙族群打声招呼，也没安排它们前往其他的住处。有的三角龙甚至并不在场，它们或外出觅食，或偷偷跑到附近的村落旅行打卡，而它们原路返回时却发现自己的家没了，这搁谁都忍不了。三角龙对峙军队的消息通过网络不胫而走，次数多了，各国环保人士和爱龙组织纷纷抗议，要为三角龙讨回公道。但当地居民和政府是站在军队一方的，他们的理由也很实在：恐龙保护和生态保护都要花钱，谁能帮穷人把钱付了？地方就这么大，利用有限的资源发展经济，大家不都是这么做的吗？抗议者被怼得哑口无言，然后就没有然后了。

三角龙栖息地的事情是摆在明面上的，多多少少能激发人类的怜爱，很多地区在经济发展后能立马想到原本属于这里的动物和植物，放弃一部分利益，重新规划保护它们的栖息地。但是，这个星球上还有很多常人无法触及的空间，那些地方鲜有人烟，生物的家园在悄无声息中遭受着威胁和侵蚀。

斯瓦尔巴群岛位于地球北极的中央，岛上多山，60%的面积被冰雪覆盖，长达数月的极昼极夜和极端环境让人深感陌生而遥远。这个群岛总面积约6.2万平方千米，常居人口仅有3 000。从这个岛出发乘船向北漂流约900千米就能到达所谓的世界尽头，那里是一片真正的冰雪海洋，四周群山环绕，地上鸟不拉屎，如果没有什么正经事要做，常人是不会涉险踏足的。这片岛屿之下蕴藏着少数海洋生物，如枪乌贼、鹦鹉螺、腔棘鱼，还有以它们为主食的肖尼鱼龙。

肖尼鱼龙的远祖原本是陆生爬行动物，在演化过程中慢慢适应了水生环境，发展出庞大的鳍状肢和长尾巴，拥有海豚般的流线身材，掌握强大的平衡力和速游技巧，堪称北冰洋的游泳冠军。没人能想到，这样的深海巨兽的死亡率却高达12%，而在20世纪末，每年仅有四五只肖尼鱼龙因潜水病丧命。

更令人惊愕的是，导致肖尼鱼龙死亡率飙升的罪魁祸首是看似距离遥远的人类，凶器非刀非剑，而是人类生活中不可或缺的物品——塑料。尽管远离人类社会和工业中心，这个区域仍然面临塑料污染的威胁，小鱼小虾不明真相，闭着眼睛就把它们吃了，而这些小鱼小虾又进入肖尼鱼龙的肚子里。挪威极地研究所曾公布了一份名为《塑料在欧洲北极地区》的报告，报告指出：目前在斯瓦尔巴群岛和属于挪威的北极地区可以找到各种规格的垃圾，每平方千米的垃圾数量约为194个，其中绝大部分为塑料垃圾，报告指出这些垃圾的总重量约为7.9万吨。

这组数字触目惊心，不少人呼吁提高北极圈的旅行门槛，让游客学会像当地人一样做好垃圾分类。但事实是，人们在城市中随意丢掉的外卖盒、矿泉水瓶、塑胶拖鞋等任何你能想到的塑料产品都有可能随着洋流漂到这片海域，造成的污染远比当地游客产生的垃圾严重得多。

人类发展对生态环境产生的影响不言而喻，我们不要危言耸听却也不能视而不见。有些事情必须得做，有些东西不得不用，关键是我们有没有办法减少破坏，尽可能不过多破坏自然规律和其他生命的生存条件。全球生态保护区和动物栖息地数量不少，建立后真正去维护的又有多少呢？

后记

我就是那个养雷利诺龙的人

跟邢立达教授一起写书是个很奇妙的事情，看到这本书即将出版，我感到非常幸运，这可是我第一次写书。不过我得老实交代，在此之前，我对古生物学并没有多少了解，这个领域的学者对我来说也是神一样的存在，是八竿子打不着的人。

此次合作源于2019年，我无意中读到了《邢立达给孩子的恐龙饕餮宴》，书中大篇幅描述了古生物的烹饪之道和入口体验，其中不乏生活在中晚三叠世至白垩纪末的各种恐龙。这本书看得我口水直流，紧接着毛骨悚然——我，一个连兔子都不敢吃的人怎么会想着吃恐龙？这也太可怕了。而此书作者还是一位研究恐龙的专家，在社交平台上拥有几百万粉丝，他的一两句话就有可能改变追随者的饮食习惯，将恐龙置于死地。那时我才意识到，野生恐龙的生存现状如此艰难，不能再这样下去了，我得帮帮它们。

为了表达对吃恐龙行为的强烈谴责，我在微博上发表了一篇《如何饲养雷利诺龙》的文章并提及邢立达教授，义正词严地指明：请给予恐龙基本的生存条件和生命尊严，领养代替购买，拒绝食用野生恐龙及一切非法交易。很快，文章获得了邢教授的关注，他当即做出回应："那咱们不吃恐龙了，改成养恐龙。有兴趣一起写书吗？"

　　说来也巧，那时我刚辞去从事多年的媒体工作，正处于"无业游民"状态，出书这事儿在我的人生清单里躺了多年，却迟迟没有推进。面对突如其来的橄榄枝，我有些紧张，一方面由于我只擅长写荒诞故事，读者寥寥无几，既没有群众基础也没有实战经验；另一方面，第一次写书就要写恐龙科普，这么专业的事情我可做不了，我妈也说我不行。

　　幸运的是，邢教授慧眼识英雄，他觉得我行，在一开始就给予极大的信任和肯定。加上他脑洞奇大，是个有趣的人，早已为这本书注入了无限想象和可能性，我们在恐龙如何融入人类生活上达成了很多共识，这直接催化了我的创作动力。

　　随着这本书的创作提上日程，我开始构建这本书的主人公画像——一位资深恐龙专家。他的经历虽是虚构，但为人处世、价值观多源于我所熟知的优秀前辈，也是我对人性的美好设想。同时，我也在不经意间于文稿中融合了自己的性格和态度，所以大家可能会察觉到，这个人物是个大直男，但内心深处却住了个小女孩，他有软肋和无法克服的恐惧，面对一只恐龙的离世会情绪失控。甚至会有人觉得这位专家有点儿人格分裂，没错了，他是双子座。

除了人物，我试图将一些真实故事写进书里，让读者更容易理解和感同身受，这其中就有我或我身边人的真实经历。可是要知道，现实中恐龙与人类无法共存，一点儿办法都没有，如果直接把恐龙放进我们熟知的场景里，一起生活和工作，事情就会往奇幻的方向发展。因此，如何让故事免于荒诞，又能与科普知识无缝衔接，我们做了很多尝试和努力。邢教授在这方面下了很大功夫，他基于古生物学领域的专业认知，权衡故事的合理性及整体逻辑架构，让这本书做到了有趣且不乏知识的深度和广度。

对于这些故事，有一点我能肯定，它在叙事逻辑和语言表达方面仍有缺陷。我大概能想象邢教授和出版社编辑老师们改稿时的情景，无奈、抓狂、掉头发。可能是出于对新人的包容，他们自始至终都在向我传达正面的信息，婉转提出修改意见，因此，我的玻璃心至今保存完好。

其实，我并不怕被批评，也不怕被打回来重写，我最害怕的是伊神蝠、泰坦巨蟒、纳摩盖吐俊兽等相貌恐怖的生物。另外，我还是密集恐惧症和深海恐惧症的重度患者，射状珊瑚、蛇颈龙、史前乌贼都会让我头皮发麻。然而，这些家伙却频频出现在我需要看的科普书和纪录片里，高清大图，动态视频，我崩溃了好几次。好在我的家属董先生不怕这些，他把书中所有令我不适的图片都用贴纸遮住，以文字转述的形式帮我了解它们，同时还要提防我因不小心看到一个深海视频而甩飞的手机。

说到这里，我突然想到，如果有只恐龙逃过了大灭绝，顺着历史长河来到了我们的世界，它会不会像我一样幸运？有人帮助，有人保护，有安全的生存空间，也有自己热爱的事物。答案是悲观的，很大概率它会被关进实验室里，接受人类的研究。就像这本书第四章所讲，人类对生命的掌控欲越来越强，我们深知社会发展与环境、物种间的种种矛盾，也意识到了肆意猎杀动物、破坏栖息地的严重后果，但在利益驱使下，我们能做的改变太少了。

所以，如果有一天你在自己家楼下发现了一只小恐龙，请千万不要声张，去找一些松叶蕨和苔藓，剁碎后混合一些金针菇和麦片，喂给它吃。如果它对素食没兴趣，就想办法抓几只蜥蜴和老鼠吧。切记，不要把看到恐龙的事告诉任何人，尤其是喜欢美食的古生物学家。

宋小明

2020 年 8 月